ちょっとしたコツで、劇的においしくなる! 新お家ごはんの教科書

# 誰都能學會的家常料理100道

Twitter超過18萬人追蹤
日本知名料理家
麦ライス 著
王綺 譯

# 序

各位讀者好。

我是這本書的作者。我在東京都內一家餐廳擔任主廚，同時主要在Twitter發表「美味家常菜食譜」與「實用料理技巧」等資訊。

這本書是為了

①每天都要煮飯

②不太擅長烹飪

③喜愛烹飪，想更精進廚藝

等各式各樣的人所編寫。書中收錄的食譜，都是我以**不管是誰都能做出美味料理**為概念所構思出來的。

要是能夠讓每天都要煮飯的人更喜歡烹飪一點，讓不擅長的人稍微掌握烹飪，讓原本就喜歡烹飪的人廚藝更加進步，那麼我會非常開心。

料理之所以美味，背後是有原因的。這裡以「煎烤」為例。

燒肉和唐揚雞塊等棕色系的食物之所以好吃，是因為經過煎烤變成微焦金黃色的部分產生了化學反應所致。

我把這個咖啡色的部分稱為「焦香味」。

以煮咖哩為例，先將肉煎烤到出現焦香味，再放入咖哩，肉的鮮味就會融入，比單純用水煮還要香濃好幾倍，當然也更加美味。

**「焦香味是最好的調味料」**，請大家在烹飪時務必記住這點。

我非常喜歡傳授、分享知識。

雖然現在已經是打開手機就能找到各種食譜的時代，**但我想把身為專業廚師才知道的烹飪祕技和安心美味的食譜，改良成家常版本分享給大家**，於是將這些都彙整在書裡。

如果能讓各位覺得「讀了這本書真是太好了」、「這是受用一輩子的食譜」，我將感到非常榮幸。

# CONTENTS



## PART1

最受歡迎的美味！
## 人氣主廚的 特製料理 &蛋料理課程



人氣主廚的
### 蛋料理課程



## PART2

光聞到香味肚子就咕嚕咕嚕叫
## 用平價食材 將美味快速端上桌！ 肉&魚料理

## PART3

蔬菜居然可以這麼好吃！

# 令人上癮的蔬菜食譜

PART6

作法簡單，美味非凡！

# 免烤箱！甜點食譜

# 基本料理TIPS

## 火候

控制火候是非常重要的。雖然用什麼火候都能煮熟食物，但是燒焦了就會無法挽回，所以讓我們一起來學習火候的控制吧。不知道該用什麼火候時，建議先用文火。

### 文火

推薦

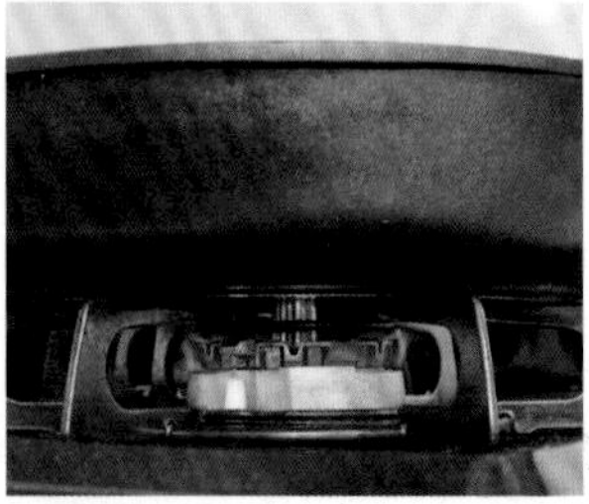

文火是看起來似乎快要熄滅的火。這時的鍋子溫度不高，用手稍微碰一下鍋子也沒關係。要讓食物內部熟透且表面不焦掉，或是需長時間加熱時，都很適合用文火。

### 小火

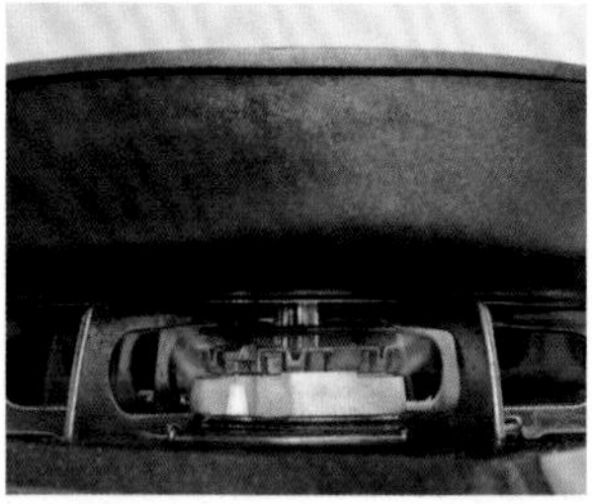

小火是火焰尖端稍微碰到鍋底的火。適合用於容易燒焦的料理或收汁。

### 中火

中火是火焰尖端整個碰到鍋底的火。想將食材煎至金黃色或翻炒食材時，很適合用中火。

### 大火

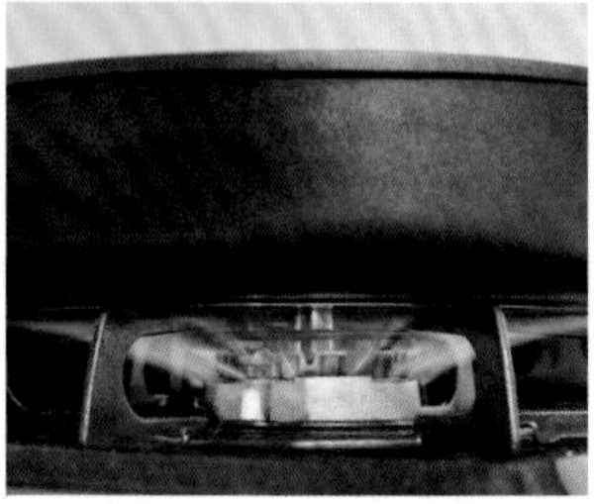

大火是火焰包覆整個鍋底的火。在大火下食材容易燒焦，油也容易噴濺，不建議初學者使用。通常用於大火快炒或收汁。

## 一小撮是多少

食譜中經常會出現「少許」、「一小撮」等字眼，這到底是多少呢？大家應該都曾感到困惑吧。在本書中，「少許」、「一小撮」就是如照片般，食指和大拇指捏起來的量。我們會以這樣的份量為基準，微調料理的味道。

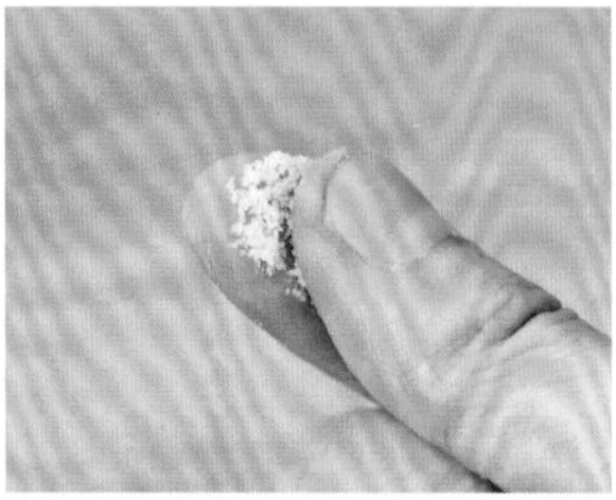

鹽
一小撮

黑胡椒
一小撮

顆粒調味料（高湯粉之類）
一小撮

# 蔬菜的切法

將蔬菜切成均等大小，也是讓料理美味升級的訣竅之一！雖然不用太講究切法也沒關係，但若能記住以下3種推薦的切法，可以省下不少時間，非常方便！

## 洋蔥切末

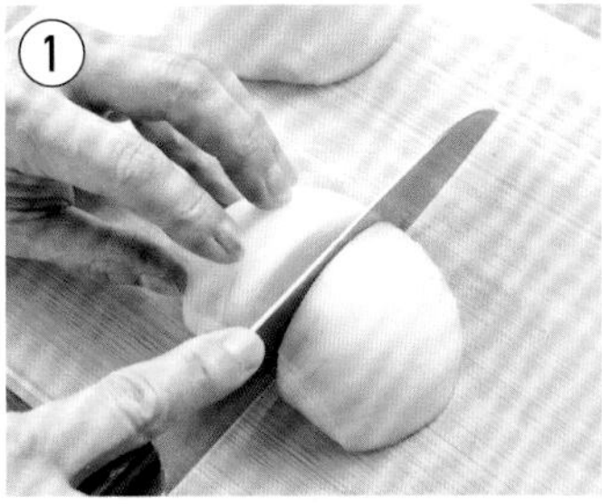
1

對半切開洋蔥，保留洋蔥芯，再對切一次。

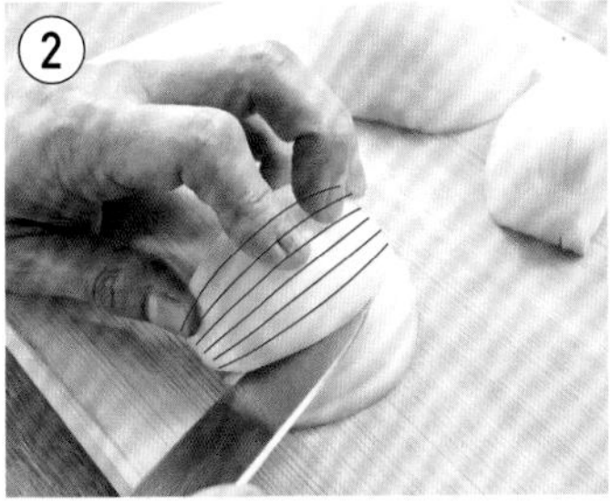
2

用刀尖往洋蔥芯的方向切，切成半月形的薄片。

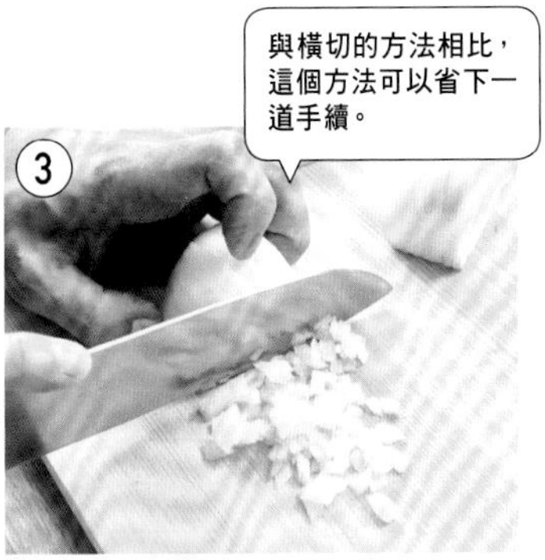
3
與橫切的方法相比，這個方法可以省下一道手續。

如照片所示，將②的洋蔥旋轉90度，接著從外側開始以3mm一刀的間隔細切，就大功告成了。

## 青蔥切末

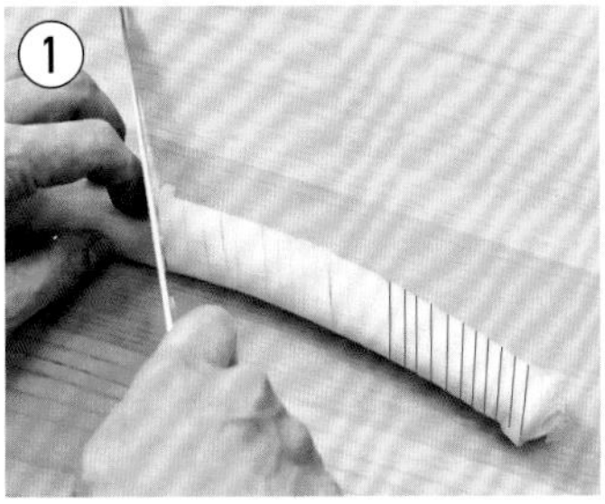
1

如照片所示，以2mm一刀的間隔斜切，並注意不要完全切到底。

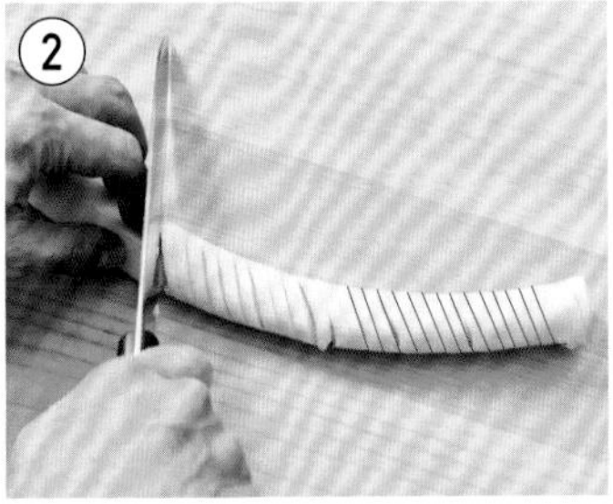
2

把①切過的蔥翻面，以同樣的方式斜切，也一樣不要完全切斷。

3
也有先把蔥切成掃把狀的方法，但用這個方法切蔥末才不會噴飛。

最後從外側開始細切，就大功告成了。

## 牛蒡切絲

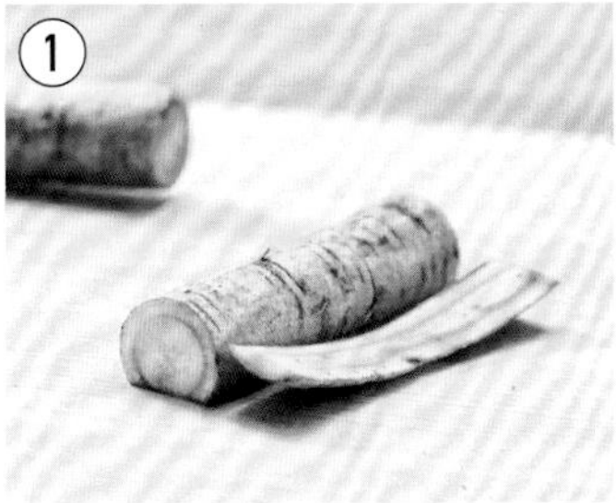
1

如照片所示，先薄切一片下來，形成防止牛蒡滾動的平面。

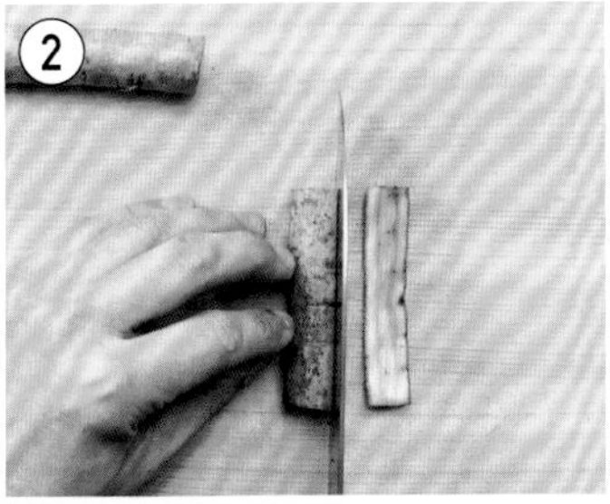
2

將①切的那面朝下，如照片般從外側開始切薄片。

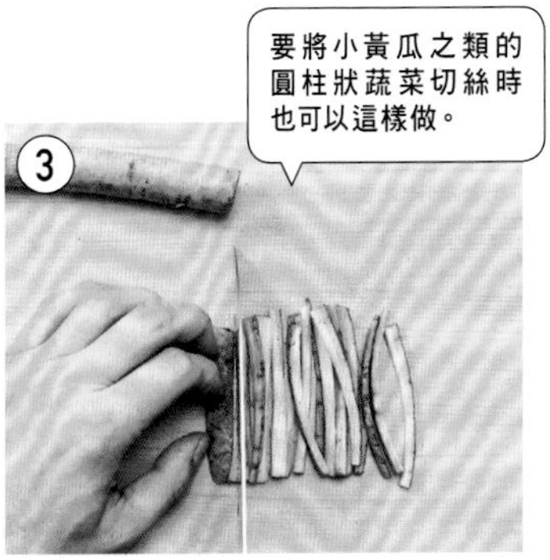
3
要將小黃瓜之類的圓柱狀蔬菜切絲時也可以這樣做。

將②切好的薄片在砧板上排成一列，從外側開始細切，就能輕鬆切出牛蒡絲了。

# 私心推薦廚具 BEST 3

## 第1名 橡膠刮刀

用來攪拌食物或在調理盆裡加入麵粉等非常方便。能夠將食材刮得乾乾淨淨，讓洗碗也變得輕鬆。建議選用耐熱矽膠材質。

## 第2名 打蛋器

攪拌食材的效率比筷子高很多。不想刮傷調理盆等器具的話，建議選用矽膠材質。

## 第3名 矽膠炒菜勺

由於是勺子狀，不僅可用來翻炒，在烹調有湯汁的食物時也非常方便。金屬材質容易刮傷鍋子，因此建議選用矽膠材質。

---

## 本書規則

**【計量單位】**

**1大匙＝15㎖**
大小約等於吃咖哩用的湯匙。

**1小匙＝5㎖**
約等於茶匙。

**【微波爐】**

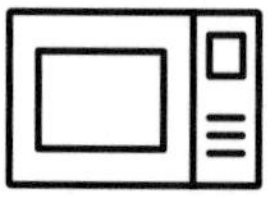

600W

不同廠牌和機種的微波爐，微波功率和時間會有差異，請依實際情況自行調整。微波時，請使用符合產品說明書規定的耐熱容器。

- 若無特別說明，奶油皆為有鹽奶油。
- 雞蛋皆為M尺寸（帶殼重量58～64g）。
- 砂糖皆為「細砂糖」。
- 麵味露皆為「2倍濃縮」的產品。
- 黑胡椒皆為「粗粒黑胡椒」。
- 迷迭香皆使用「新鮮」的，奧勒岡葉皆使用「乾燥」的。

# PART1

最受歡迎的美味！

# 人氣主廚的特製料理&蛋料理課程

本篇將會介紹在我的Twitter上**特別受歡迎的料理**，

以及我平常會與家人一起享用的家常菜，共10道招牌食譜。

此外，還有獲得眾多網友評論

「希望收錄進家政課教科書」的**水煮蛋時間表**，

以及大家最喜歡的蛋料理食譜。

希望大家放輕鬆跟著做！

討厭青椒的人也吃得下

# 我家的
# 永久版炒青椒

**美味的祕密！**

奶油、麵味露和醬油的調
味和青椒是絕配！

**食材**（1～2人份）

| | |
|---|---|
| 青椒 | 4個 |
| 奶油 | 1大匙 |
| 麵味露 | 1大匙 |
| 醬油 | 1小匙 |

**讓料理更美味的祕訣**

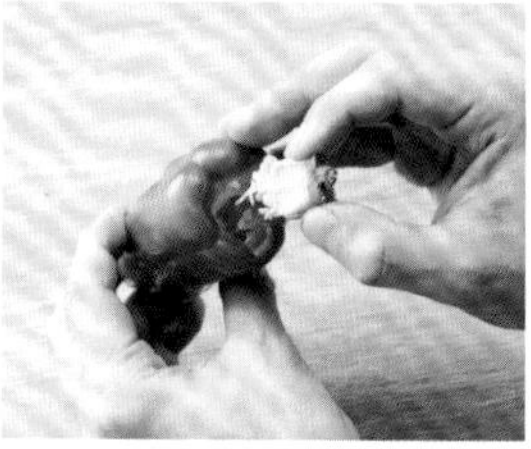

將蒂頭連同青椒籽摘掉後，剩下的籽可以不用全部去掉。不限於這個食譜，將青椒連同籽一起拌炒會更好吃，營養價值也更高。

**作法**

**1 處理食材**

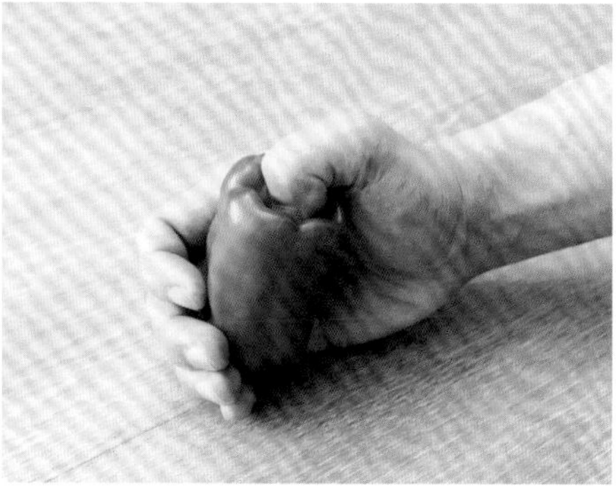

用大拇指壓一下青椒的蒂頭，去除青椒籽。

**2 加熱**

開中火，加熱平底鍋裡的奶油，將切成一口大小的青椒連同籽一起放入鍋中。

**3 拌炒**

用料理筷將青椒翻面，拌炒至青椒和籽帶有微焦的金黃色。

**4 調味**

加入麵味露和醬油，稍微拌炒一下就完成了。

在家裡也能簡單做出來！

# 電子鍋烤牛肉

**美味的祕密！**

利用電子鍋的保溫功能慢慢加熱，肉質就會軟嫩無比！

**食材**（方便製作的份量）

| | |
|---|---|
| 牛腿肉（大塊） | 300～500g |
| 奶油 | 2大匙 |
| 沙拉油 | 2大匙 |

**美味醬料的做法**

將密封袋裡剩餘的肉汁倒入小鍋或平底鍋中，加入洋蔥末（⅛顆）、蒜末（1小匙）、醬油（1小匙）、奶油（1大匙）、水（1大匙），煮至出現黏稠感就完成了！

**作法**

1 **煎牛肉**

電子鍋裝水並設定保溫。在回到常溫的牛肉上灑稍微多一點的鹽和黑胡椒（額外份量），平底鍋裡倒油，煎一下牛肉表面。

2 **事前準備**

將奶油和煎過的牛肉一同放入密封袋，把空氣擠出後壓緊密封條。

3 **保溫**

將密封袋放進事先設定好保溫的電子鍋，靜置35分鐘。

4 **冰鎮**

35分鐘之後拿出密封袋，放進冰水裡冷卻。牛肉冷卻後切成薄片，淋上醬料就可以開動了。

誰都能捲出漂亮的蛋皮！

# 洋食店的蛋包飯

**美味的祕密！**

在蛋液裡加入太白粉，蛋皮就不會破，能夠做出漂亮的蛋包飯！

**食材**（1～2人份）

**番茄醬炒飯**

| | |
|---|---|
| 白飯 | 200g |
| 維也納香腸 | 2根 |
| 洋蔥、紅椒 | 各¼顆 |
| 鹽 | 1小撮 |
| 奶油 | 1大匙 |
| 醬油 | ½小匙 |
| 番茄醬 | 5大匙 |

**蛋皮**

| | |
|---|---|
| 雞蛋 | 1顆 |
| 太白粉 | 1小撮 |
| 鹽 | 1小撮 |
| 沙拉油 | 1小匙 |

## 作法

### 1 煎香腸

首先製作番茄醬炒飯。平底鍋中放入奶油，加熱至融化，用小火拌炒維也納香腸至微焦金黃色。

### 2 調味

在1中加入切碎的洋蔥和紅椒，並以鹽和醬油調味。接著加入番茄醬，用小火炒至稍微收乾。

### 3 番茄醬炒飯完成

在2中加入白飯，維持小火拌炒均勻。

### 4 成形

將3的番茄醬炒飯裝入鋪有保鮮膜的碗，再移至盤子。在保鮮膜上把飯捏成形後，拿掉保鮮膜。

### 5 蛋皮完成

用橡膠刮刀把依下方作法完成的蛋皮移到鋪有保鮮膜的砧板上。

### 6 大功告成

將5的蛋皮連同保鮮膜一起放到4上面，讓蛋皮包覆住飯，調整好形狀就大功告成了。

---

## **絕對不會破的**蛋皮作法

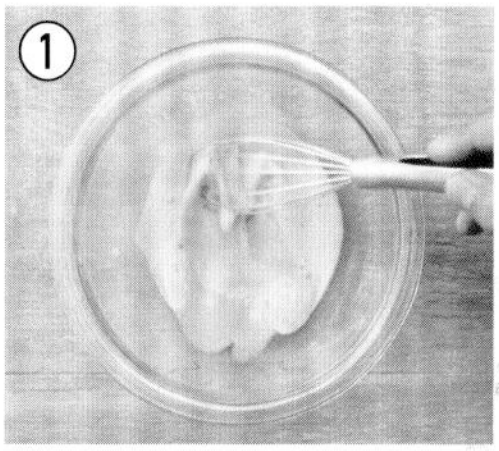

①用打蛋器將雞蛋、鹽、太白粉攪拌均勻。

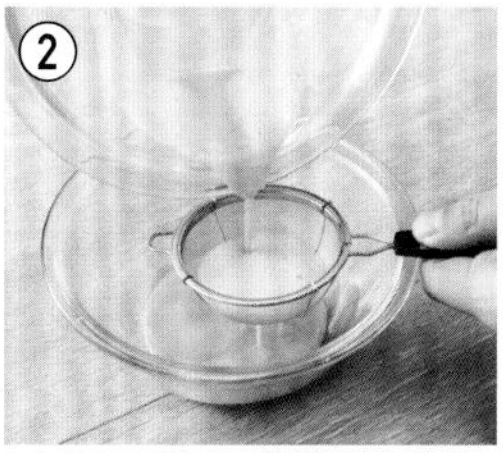

②太白粉溶解後加入沙拉油，再用茶篩過濾。

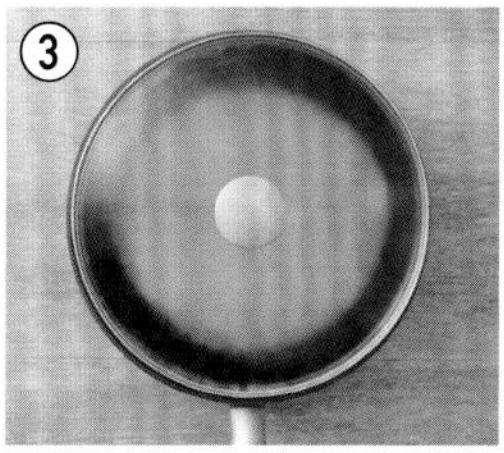

③開小火，將蛋液倒入平底鍋，蓋上蓋子悶煎。

④悶煎3分鐘左右就完成了。用橡膠刮刀輕鏟邊緣，將蛋皮剝離平底鍋。

不管是誰都做得到！

# 超級粒粒分明炒飯

美味的祕密！

事先把油和蛋裹在飯上，
就能讓炒飯粒粒分明！

**食材**（1人份）

| | | |
|---|---|---|
| 蔥 | | ½根 |
| 雞蛋 | | 1顆 |
| 沙拉油 | | 1小匙 |
| **炒飯用的飯** | | |
| 溫熱的白飯 | | 200g |
| 雞蛋 | | 1顆 |
| 沙拉油 | | 1小匙 |
| A | 蒜泥 | ½小匙 |
| A | 中華高湯粉 | 1小匙 |
| A | 醬油 | 1大匙 |

**讓料理更美味的祕訣**

粒粒分明的關鍵就是事先調理炒飯用的飯！用打蛋器把蛋和油攪打至均勻。如果飯是冷的請先微波加熱。白米品種建議選用黏性較低的「秋田小町」。

**作法**

### 1 炒蔥白

在平底鍋內倒入沙拉油，開中火。蔥下鍋，拌炒到呈微焦金黃色。

### 2 翻炒

在1裡加入蛋液，再放入事先處理過的炒飯用的飯（參照右上）。

### 3 繼續翻炒

用炒菜勺將炒飯翻炒至粒粒分明。

### 4 調味

加入**A**拌炒均勻就完成了。

外酥內軟！

# 甜鹹炸茄子

## 食材（1人份）

| | | |
|---|---|---|
| 茄子（1根縱切成3等分） | | 2根 |
| A | 醬油 | 1大匙 |
| | 味醂 | 1大匙 |
| | 蒜泥 | ½小匙 |
| 太白粉 | | 5大匙 |
| 沙拉油 | | 2大匙 |

**美味的祕密！**

先讓茄子吸附調味料，煎炸的時候就不會吸太多油，健康加分！

## 作法

### 1 事前準備

茄子充分沾附A後放入耐熱容器，蓋上保鮮膜微波6分鐘。

### 2 裹粉

將1放進調理盆，快速裹上太白粉。

### 3 下鍋

以中火熱油，將2放入鍋中煎炸，一面好了再翻面煎炸。殘留在耐熱容器的醬汁微波2分鐘，淋在茄子上就可以開動了。

吃到停不下來！

# 我家的永久版高麗菜

**食材**（1～2人份）

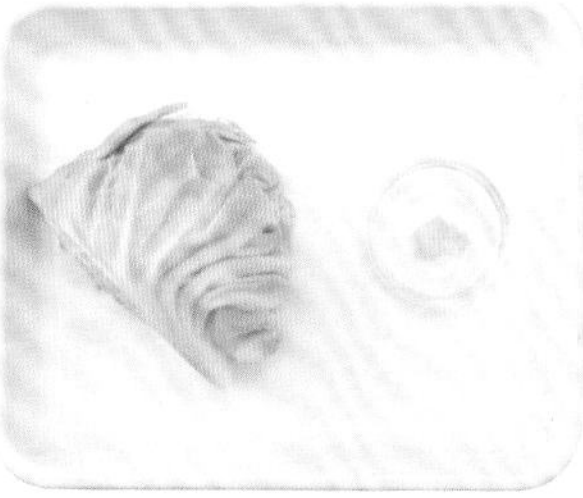

| | | |
|---|---|---|
| 高麗菜 | | ¼顆 |
| A | 醬油 | 1大匙 |
| | 麻油 | 1大匙 |
| | 豆瓣醬 | 1小匙 |
| | 砂糖 | 1小匙 |
| | 昆布高湯粉 | 1小匙 |
| | 蒜泥 | ½小匙 |

美味的祕密！
調味料中的1小匙砂糖
是讓美味翻倍的關鍵！

**作法**

## 1 事前準備

將高麗菜用手撕成一口大小。

## 2 調味

將**A**放入調理盆，再加入高麗菜，用料理筷攪拌均勻就完成了。可依喜好撒點白芝麻。

**讓料理更美味的祕訣**

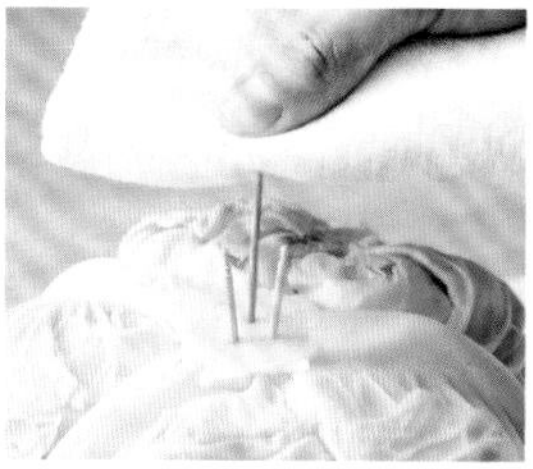

在菜芯插上幾根牙籤可使高麗菜停止生長，保持爽脆將近1個月。萵苣和白菜也可以利用這個方法長時間保存。包上保鮮膜或放入密封袋可以保存更久。

用文火慢慢煎烤

# 我家的
# 蜂蜜蛋糕鬆餅

美味的祕密！

開文火並蓋上鍋蓋，讓上下兩面都慢慢受熱，就能做出厚厚的鬆餅！

## 食材（3～4人份）

| | |
|---|---|
| 鬆餅粉 | 180g（1袋） |
| 雞蛋 | 1顆 |
| 牛奶 | 170mℓ |

※不管用哪一家的鬆餅粉，都能做出濕潤又美味的鬆餅。份量請依照鬆餅粉包裝上的指示！

※平底鍋請使用口徑20～26㎝的不沾鍋。放油會讓溫度過高，因此鍋裡不用放油。

### 讓料理更美味的祕訣

在作法1加入麵粉拌勻的步驟中，若是攪拌太久麵糊會出筋，讓鬆餅失去蓬鬆度，要多加留意。麵粉過篩加入調理盆後要盡快拌勻。

## 作法

### 1 製作麵糊

放入雞蛋和牛奶，將調理盆傾斜，以打蛋器左右來回打至表面稍微起泡後，加入鬆餅粉拌勻。

### 2 煎烤

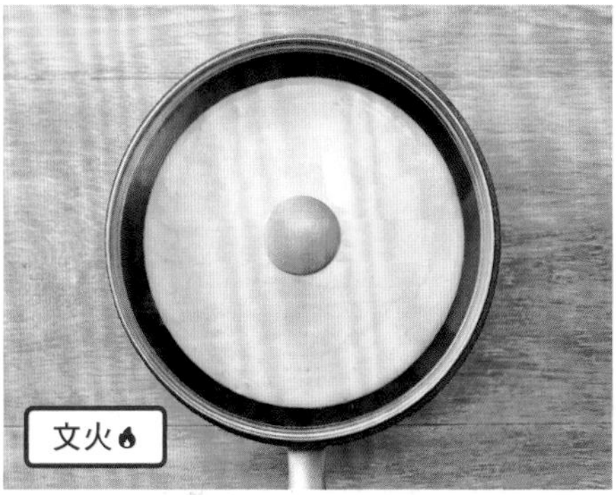


開文火，等平底鍋的溫度熱到與體溫差不多時倒入1，蓋上鍋蓋煎烤15分鐘。

### 3 確認

15分鐘過後打開鍋蓋，確認表現有沒有氣孔以及開始冒泡。

### 4 翻面

用橡膠刮刀沿著鬆餅邊緣輕輕鏟一圈後翻面，蓋上鍋蓋再以文火煎烤5分鐘就完成了。

味道濃郁且超健康

# 豆乳味噌湯

**食材**（3～4碗份）

| | | |
|---|---|---|
| 水 | | 250mℓ |
| A | 小松菜 | 4棵 |
| | 味噌 | 2大匙 |
| | 昆布高湯粉 | 2小匙 |
| | 砂糖 | 1½小匙 |
| | 白芝麻粉 | 2大匙 |
| 豆腐 | | ½塊～喜好的量 |
| 無調整豆乳 | | 250mℓ |

**美味的祕密！**

味噌和豆乳搭配起來超美味！豆乳遇高溫蛋白質會分離、結塊，小心不要煮到沸騰！

**作法**

### 1 加熱

將水與A倒入鍋中開火加熱。

### 2 加入豆腐

1沸騰後，用湯匙挖豆腐加入鍋中。

### 3 倒入豆乳

豆乳遇高溫會分離結塊，所以最後再加入。將豆乳加入2後稍微加熱就完成了。

可能是全世界最好吃的

# 濃郁蛋沙拉三明治

**美味的祕密！**

這道食譜的講究之處是使用不同熟度的水煮蛋，讓蛋白和蛋黃混合得更有層次！

## 食材 （2人份）

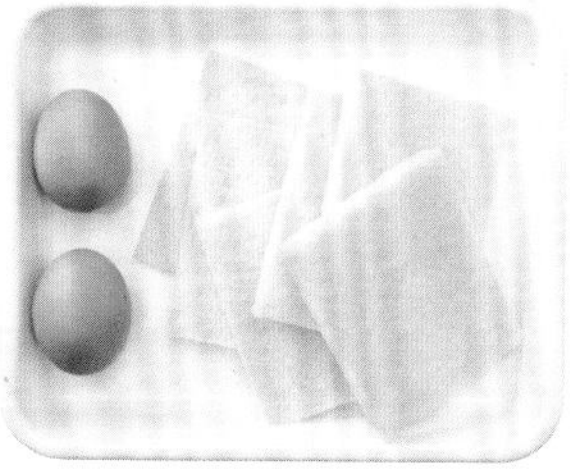

| | |
|---|---|
| 三明治專用吐司 | 6片 |
| 煮10分鐘的水煮蛋 | 1顆 |
| 煮13分鐘的水煮蛋 | 1顆 |
| 美乃滋 | 50g |
| 鹽 | 1小撮 |
| 砂糖 | 1小撮 |

※水煮蛋作法請參照P28～29

## 作法

### 1 事前準備

2顆雞蛋剝殼後分成蛋白和蛋黃，用菜刀切碎。

### 2 蛋白調味

蛋白中加入美乃滋、鹽、砂糖拌勻。

### 3 三明治餡料完成

在②中加入事先分好的蛋黃粗略攪拌，盡量不要壓碎蛋黃。拌好後夾進吐司，三明治就完成了。

不用浸泡，快速上桌！

# 蓬鬆軟嫩法式吐司

**美味的祕密！**

利用微波讓吐司吸飽蛋液後用小火慢煎，就能做出軟嫩口感！

## 食材 （1人份）

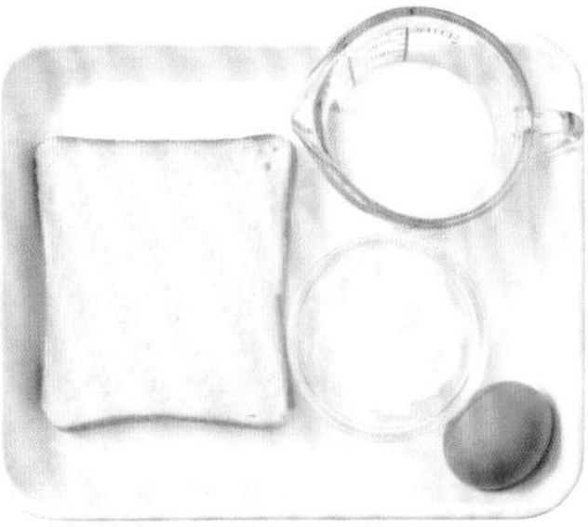

| | |
|---|---|
| 吐司 | 厚片1片 |
| 雞蛋 | 1顆 |
| 牛奶 | 100mℓ |
| 砂糖 | 2大匙 |
| 奶油 | 1大匙 |

**讓料理更美味的祕訣**

將買回來的塊狀奶油切成4～5g的小塊（邊長1.3cm立方體）。1塊約等於1小匙，可搭配各種食譜運用！

## 作法

### 1 製作蛋液

調理盆中加入雞蛋、牛奶、砂糖，用打蛋器攪拌至均勻無結塊。

### 2 微波

將切成兩半的吐司放入耐熱容器，加入1。輕壓吐司，讓吐司吸收蛋液後微波1分鐘。

### 3 煎烤

平底鍋內放入奶油，開小火，奶油融化後放入2。耐熱容器中剩下的蛋液也全部倒入。

### 4 完成

保持小火，將兩面煎至金黃色就完成了。

\人氣主廚的/

# 蛋料理課程

這裡要介紹之前在我的Twitter上爆紅的「水煮蛋時間表」。各位喜歡煮幾分鐘的水煮蛋呢?請把以下內容當作往後煮水煮蛋的參考吧!

前所未見的

## 水煮蛋時間表

**食材**（1人份）

| | |
|---|---|
| 雞蛋 | 依喜好 |
| 水 | 一整鍋 |

6分鐘　7分鐘　8分鐘　9分鐘

10分鐘　11分鐘　12分鐘　13分鐘

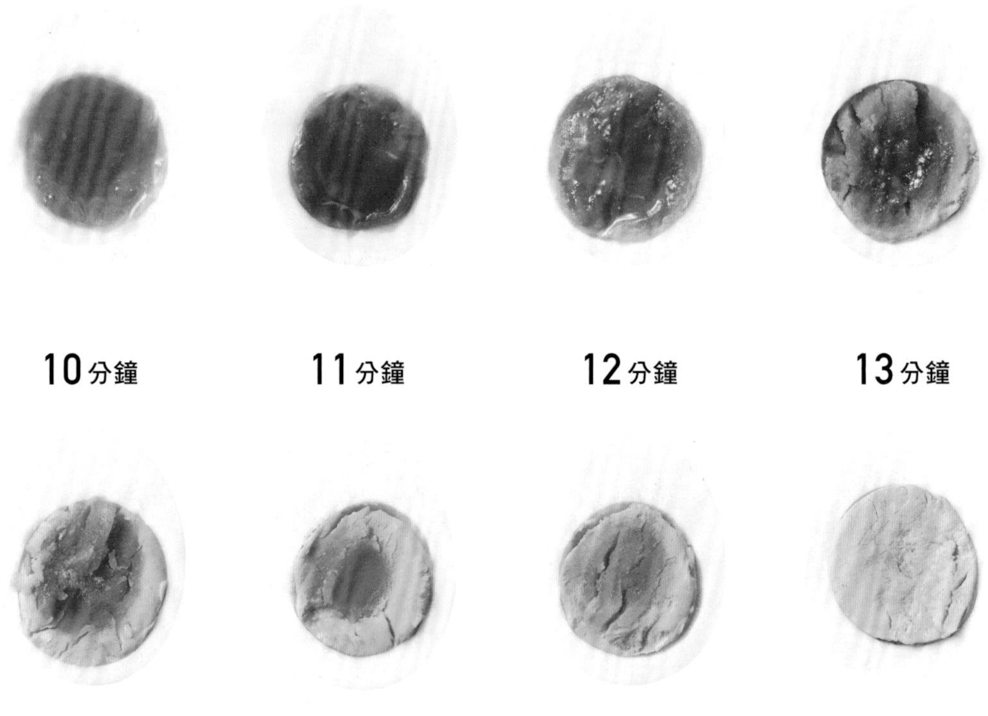

**作法**

### 1 稍微過一下溫水

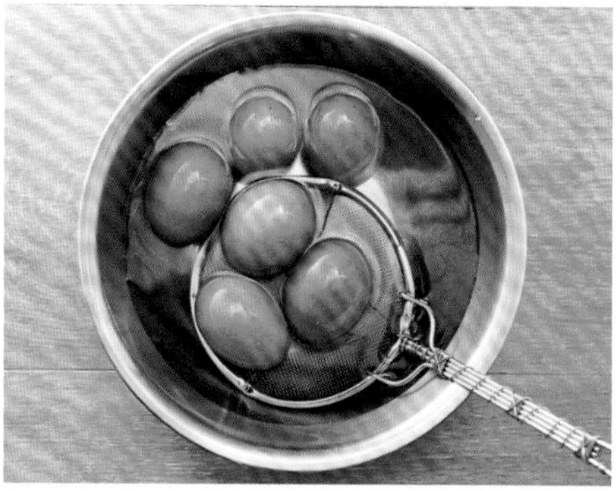

將從冰箱裡拿出來的雞蛋稍微過一下溫水，避免溫差過大導致蛋殼破裂。

### 2 放進滾水裡煮

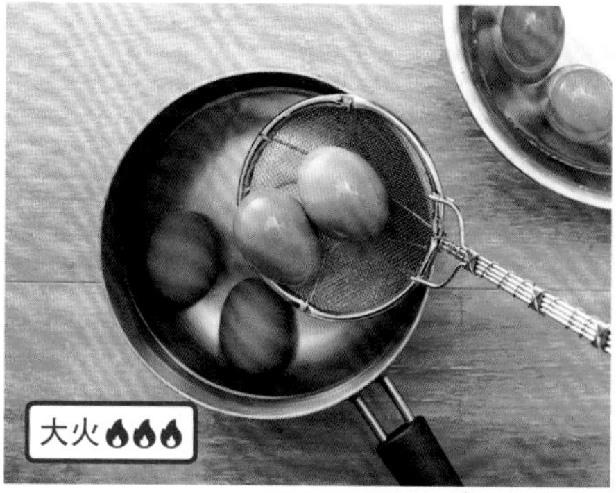


將鍋子裝滿水，開火煮至沸騰。沸騰後，用濾網或湯勺將雞蛋輕輕放入鍋中，並以計時器計時。

### 3 煮至喜好的時間

放入雞蛋後水溫會下降，繼續煮至沸騰，過程中保持中火。

### 4 快速冷卻

準備一盆水，放入冰塊，時間一到就將煮好的雞蛋放入冰水，這樣蛋殼會變得很好剝。

---

## 絕對不失敗的剝蛋殼方法

在砧板上輕敲整顆蛋，盡量讓整體出現細小的裂痕，然後邊沖水邊剝殼。

用手掌在砧板上輕滾雞蛋，直到整體出現細小裂痕，一樣邊沖水邊剝殼。

剝殼時要讓水流進蛋殼和蛋白之間。有細小裂痕會讓殼更好剝，是因為這樣剝的時候蛋殼較不容易刺到蛋白。

## 切蛋的POINT

也有人說可以用線來切蛋，不過將菜刀抹上薄薄一層油再慢慢地垂直切開，能把蛋切得更漂亮。

高級飯店風

# 滑嫩美式炒蛋

| 食材 | （2人份） |
|---|---|
| 雞蛋 | 2顆 |
| 牛奶 | 30mℓ |
| 鹽 | 2小撮 |
| 砂糖 | 4小撮 |
| 奶油 | 1小匙 |

滑嫩的秘訣是
用文火慢煎！
把牛奶換成鮮奶油的
話風味會更濃郁！

作法

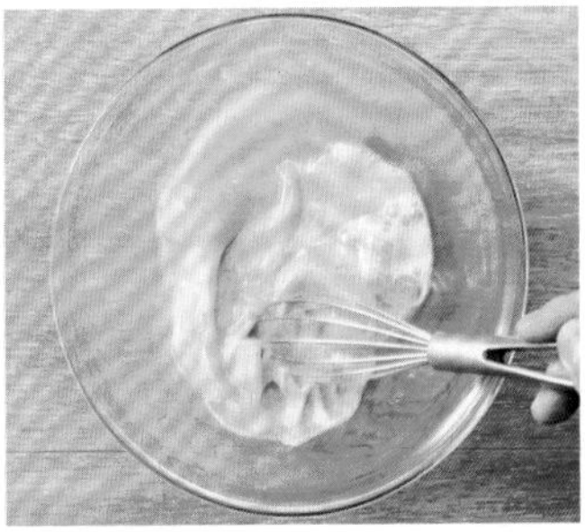

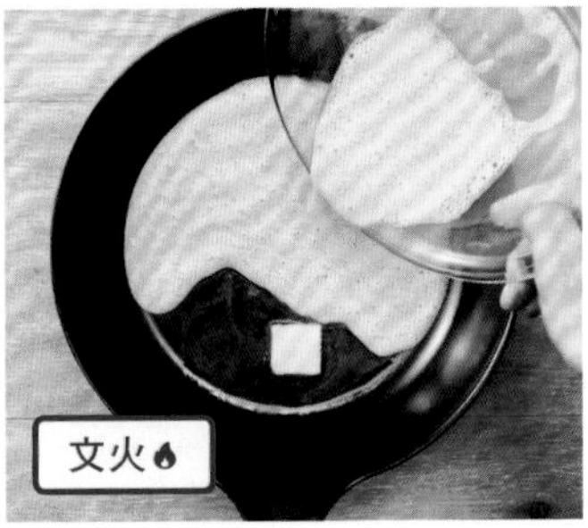
文火

文火

## 1 製作蛋液

調理盆中加入雞蛋、牛奶、鹽、砂糖，用打蛋器攪拌至均勻無結塊。

## 2 倒入蛋液

鍋內放入奶油，開文火，在奶油融化前倒入1。

## 3 持續攪拌

持續攪拌10分鐘，並留意不要讓邊緣過熱。餘溫會讓蛋繼續加熱，因此在覺得熟度還差一點的時候起鍋就可以了。

隨時都能做出自己喜歡的熟度！

# 安定好吃的荷包蛋

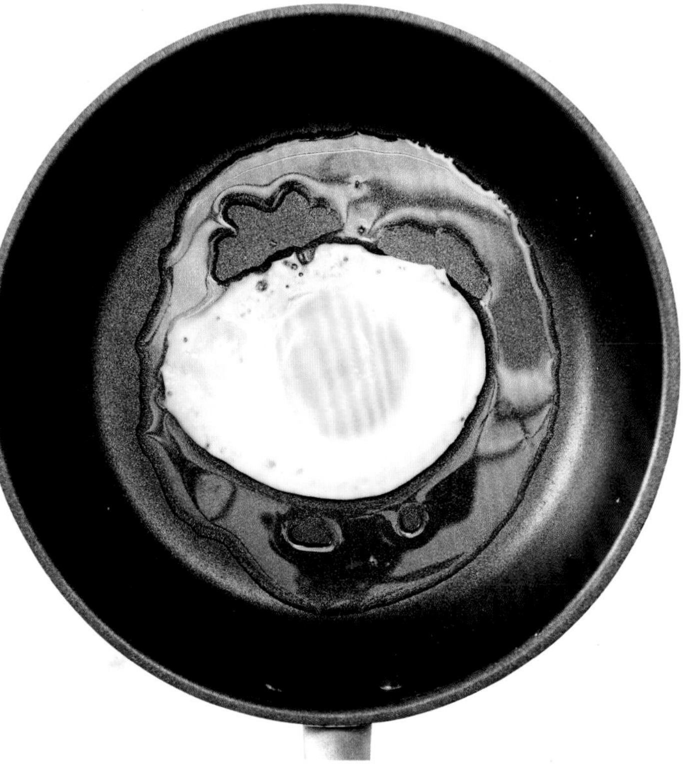

**食材**（1人份）

| | |
|---|---|
| 雞蛋 | 1顆 |
| 沙拉油 | 1大匙 |

開火前先把蛋打進鍋中，
再用中火→文火煎，
就不會失敗！

**作法**

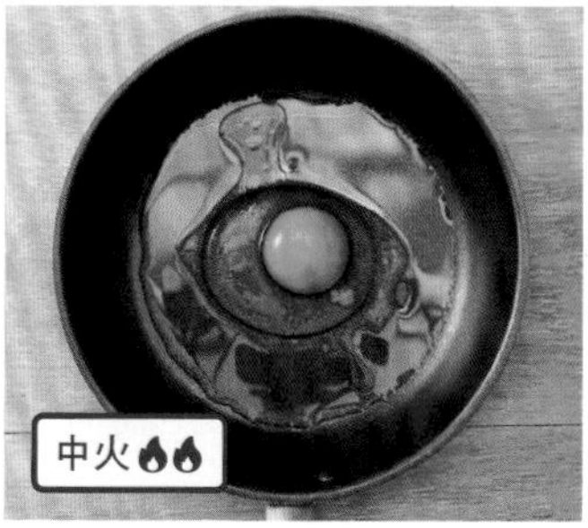


### 1 冷鍋煎蛋

在冷鍋裡倒入沙拉油，打入雞蛋。開中火，煎到發出噗滋噗滋的聲音後轉文火。

### 2 蓋上鍋蓋悶煎

蓋上鍋蓋，以文火悶煎3分鐘就完成了。若想要再熟一點，就繼續維持文火觀察狀態，煎到自己喜歡的熟度。

**給喜歡邊緣焦脆的人**

在步驟2之後打開鍋蓋，以大火煎30秒～1分鐘，邊緣就會變得焦焦脆脆！

爆香蔥綠是關鍵

# 超美味溏心蛋

**食材**（6顆份）

| | | |
|---|---|---|
| 冷卻的水煮蛋（煮6分鐘） | | 6顆 |
| 沙拉油 | | 1小匙 |
| 蔥綠 | | 1根 |
| A | 醬油 | 5大匙 |
| | 味醂 | 5大匙 |
| | 砂糖 | 2大匙 |
| | 蒜泥 | 1小匙 |
| 水 | | 150mℓ |

裝在袋子裡醃漬時
確實把空氣擠出去，
就能讓整體都入味，
變得非常好吃，
一定要試試！

**作法**

## 1 香煎蔥綠

鍋中放入沙拉油，開中火。用料理夾壓著蔥，煎至微焦金黃色。

## 2 加入調味料

將水和A加入1煮沸。沸騰後關火，讓醬汁冷卻。

## 3 放入密封袋醃漬

將水煮蛋和2裝進密封袋，擠出空氣後壓緊封條，放入冰箱醃漬一個晚上就完成了。

微波一下就完成

# 簡易溫泉蛋

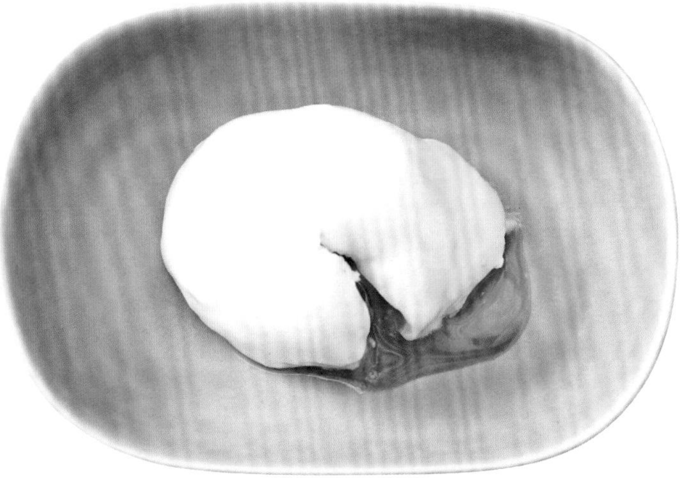

**食材** （1人份）

| | |
|---|---|
| 雞蛋 | 1顆 |
| 水 | 200mℓ |
| 醋 | 1小匙 |

在步驟2猛地倒入液體
或是液體沒有淹過雞蛋
都有可能造成失敗。
微波完也不要讓蛋長時間
泡在熱水裡。

**作法**

### 1 在蛋黃上戳洞

將剛從冰箱拿出來的雞蛋打入耐熱容器中，用牙籤在蛋黃上戳洞。

### 2 加水和醋

將醋加入水裡，再緩緩地倒進1，淹過雞蛋。

### 3 微波

不用蓋保鮮膜，直接微波1分30秒就完成了。容器的大小和水量都可能影響蛋的狀態，請自行觀察並調整微波時間。

外酥內稠，停不了口的好味道！

# 令人上癮的雞蛋天婦羅

**食材** （2顆份）

| | |
|---|---|
| 水煮蛋（煮6分鐘） | 2顆 |
| 天婦羅粉（手粉用） | 適量 |
| 天婦羅粉（事先與一定份量的水調合） | 適量 |
| 油 | 適量 |
| 白蘿蔔泥 | 2大匙 |
| 麵味露 | 2大匙 |

搭配鹽或天婦羅沾醬也很好吃，不過我個人更喜歡沾白蘿蔔泥和麵味露熱熱地享用！

**作法**

### 1 水煮蛋戳洞

用竹籤在水煮蛋底部戳個洞，避免油炸時爆開，再將蛋整體裹上手粉。

### 2 沾裹天婦羅麵衣

做天婦羅時要盡量使用冰一點的水煮蛋。麵衣調好後將1放入，用橡膠刮刀輕輕為蛋裹上麵衣。

### 3 下鍋油炸

用料理夾將2輕輕放入170度的熱油中，中途翻面一次，最後用瀝油網撈起就完成了。

PART2

光聞到香味肚子就咕嚕咕嚕叫

# 用平價食材
# 將美味快速端上桌！
# 肉&魚料理

「**焦香味是最好的調味料**」是我的料理概念，

也是讓料理美味加倍的祕訣，

而本章匯集了多道運用焦香味的食譜。

只要記住這裡介紹的**美味祕訣**，

以火候決勝負的肉料理和魚料理就再也難不倒你！

用重物壓著，煎出無敵脆皮！

# 香草雞腿排

**美味的祕密！**

用重物壓著雞腿排以小火慢煎，就能逼出皮裡的水分，煎得酥酥脆脆！

**食材**（1人份）

| | | |
|---|---|---|
| 雞腿肉 | | 1片（約250g） |
| 迷迭香 | | 1根 |
| A | 鹽 | ½小匙 |
| | 黑胡椒 | ¼小匙 |
| | 蒜片 | 2片 |
| | 奧勒岡葉 | ½小匙 |
| | 沙拉油 | 1大匙 |
| | 酒 | 1大匙 |
| 沙拉油 | | 3大匙 |

密封醃漬30分鐘，
讓蒜頭和迷迭香入味，
就能做出餐廳的味道！

**作法**

1 事前準備

將雞腿肉攤開在砧板上，較厚的部分用刀劃開鋪平，這樣等一下會比較好煎。

2 醃漬

將A全部放進密封袋，再放入雞肉和迷迭香，擠出空氣後壓緊封條，在常溫下醃漬30分鐘。

3 煎雞腿排

小火

平底鍋內倒入3大匙沙拉油，蒜片、迷迭香和皮朝下的雞肉一同下鍋。放上鋁箔和小湯鍋，以小火煎10分鐘。

4 繼續煎

中火

煎至金黃色後拿開鋁箔和小湯鍋，翻面再煎2分鐘就完成了。

不用擔心燒焦或沒熟！

# 多汁漢堡排

**美味的祕密！**

翻面後蓋上蓋子轉文火。以文火慢煎就不會燒焦或裡面沒熟！

**食材**（6個份）

| | | |
|---|---|---|
| 牛豬混合絞肉 | | 500g |
| A | 雞蛋 | 1顆 |
| A | 乾燥麵包粉 | 30g（130mℓ） |
| A | 鹽 | 1小匙 |
| A | 黑胡椒 | 1小匙 |
| 沙拉油 | | 1小匙 |
| 蒜頭（壓碎） | | 2～3瓣 |

| | | |
|---|---|---|
| B | 番茄醬 | 2大匙 |
| B | 中濃醬 | 2小匙 |
| B | 水 | 100mℓ |
| B | 太白粉 | 1小匙 |
| B | 砂糖 | 1小匙 |
| B | 黑胡椒 | ⅓小匙 |
| 奶油 | | 1小匙 |

## 作法

### 1 準備食材

調理盆內放入絞肉和**A**。

### 2 攪拌

將1用手揉捏攪拌至均勻。

### 3 成形

參照左下的訣竅，捏出表面平整的6個漢堡排，用手心調整成漂亮的橢圓形。

中火

### 4 煎漢堡排

平底鍋內倒入沙拉油，將漢堡排和蒜頭一起下鍋，以中火煎至微焦（參照上圖）後翻面。

文火

### 5 繼續煎

轉文火，蓋上鋁箔（當作落蓋使用）再煎10分鐘就完成了。

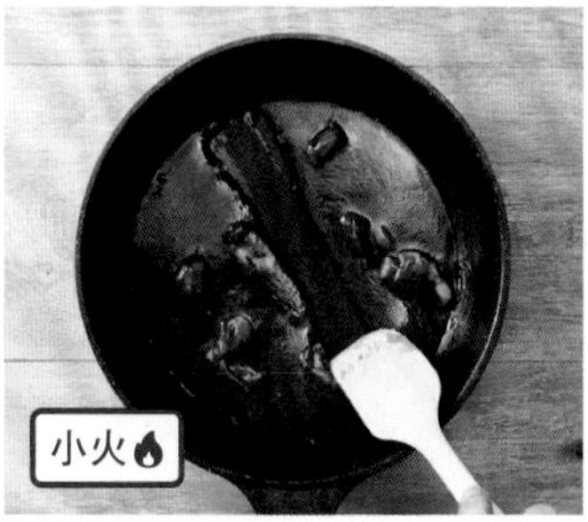
小火

### 6 製作醬汁

取出5。將調好的**B**放入鍋中加熱，沸騰後加入奶油拌勻就完成了。

#### 讓料理更美味的祕訣

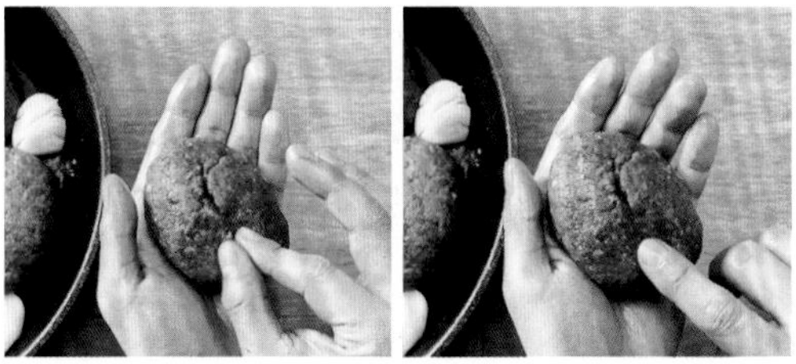

若漢堡排煎到裂開，通常是因為裡面太多空氣，或成形的時候就有裂痕。只要像照片這樣把裂縫捏起來，再用指腹抹平表面，煎的時候就不會裂開了。

製作醬汁時有效利用了充
滿肉香味的餘油！料理牛
排的時候也可以這樣做！

用平價肉片做出定食屋的味道！

# 薑燒豬五花

**食材**（2人份）

| | | |
|---|---|---|
| 豬五花肉（一口大小） | | 300g |
| 洋蔥（切絲） | | ½顆 |
| A | 醬油 | 2大匙 |
| | 酒 | 4大匙 |
| | 砂糖 | 1大匙 |
| | 味醂 | 2大匙 |
| | 番茄醬 | 1大匙 |
| | 薑泥 | 4大匙 |
| | Tabasco辣椒醬 | 2滴 |

**美味的祕密！**

番茄醬的鮮甜與Tabasco辣椒醬恰到好處的辣度，讓這道菜昇華成絕品！

**作法**

## 1 拌炒

開中火，放入豬五花肉和洋蔥，直接用五花肉本身的油拌炒。

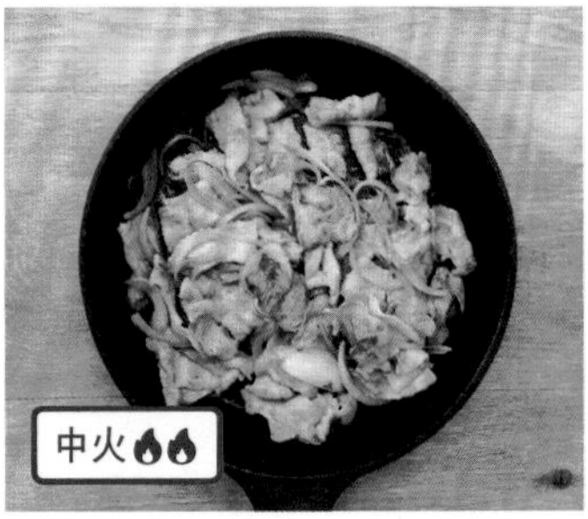


## 2 炒至金黃色

拌炒至洋蔥軟化，且豬肉和洋蔥都像照片一樣呈金黃色。

## 3 調味

將調合好的A加入2，拌炒至味道均勻就完成了。

比蝦仁更令人欲罷不能!?

# 乾燒雞丁

**食材**（2人份）

| | | |
|---|---|---|
| 雞腿肉 | | 2塊（1塊250g） |
| 沙拉油 | | 2小匙 |
| A | 蔥（切末） | 1根 |
| | 砂糖 | 2小匙 |
| | 番茄醬 | 6大匙 |
| | 雞湯粉 | 1小匙 |
| | 醬油 | 1小匙 |
| | 豆瓣醬 | 1小匙 |
| | 薑泥 | 1小匙 |
| | 蒜泥 | 1小匙 |
| | 水 | 100mℓ |
| | 太白粉 | 2小匙 |

**美味的祕密！**

將太白粉拌在調味料裡，就能均勻地勾芡！

**作法**

## 1 切好肉後下鍋

將雞腿肉切成一口大小。鍋中倒入沙拉油，以中火熱油後放入雞肉，確實將兩面煎至金黃。

## 2 調味

在調理盆裡將A混合均勻，加入1。

## 3 燉煮

維持中火，與調味料一起燉煮至入味。調味料收乾成稠狀就完成了。

開趴必備！

# 炸維也納香腸

**美味的祕密！**

一次炸的量太多會讓油溫下降，導致失敗，要注意一次別放太多。

## 食材 （1～2人份）

| | |
|---|---|
| 維也納香腸 | 8根 |
| 麵粉（手粉用） | 適量 |
| 乾燥麵包粉 | 適量 |

**麵糊**

| | | |
|---|---|---|
| A | 水 | 3大匙 |
| | 雞蛋 | 1顆 |
| | 低筋麵粉 | 7大匙 |

※麵糊是可以將沾粉→沾蛋液→沾麵包粉這幾道工序簡化成一個步驟的方便麵衣。

| | |
|---|---|
| 番茄醬 | 2大匙 |
| 中濃醬 | 1大匙 |

## 作法

### 1 製作麵糊

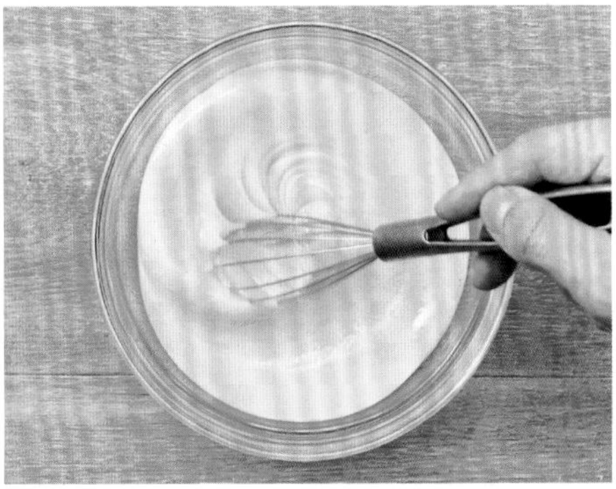

將A倒入調理盆，用打蛋器攪拌均勻，製成麵糊。

### 2 裹粉

維也納香腸沾上麵粉，並將多餘的粉抖落，再以麵糊、乾燥麵包粉的順序裹上粉。

### 3 油炸

將②一根一根放入180度的油鍋。下鍋的瞬間若是冒出大量泡泡，就表示溫度剛好。

### 4 完成

炸成漂亮的金黃色後起鍋。沾上以番茄醬和中濃醬調合而成的沾醬就可以開動了。

最強白飯殺手

# 鹽蔥醬燒豬五花

**食材** （2人份）

| | | |
|---|---|---|
| 豬五花 | | 300g |
| 蔥（切末） | | 1根 |
| A | 味醂 | 2大匙 |
| | 醬油 | 2小匙 |
| | 中華高湯粉 | 1小匙 |
| | 蒜泥 | 1小匙 |
| | 黑胡椒 | 1小匙 |
| | 水 | 5小匙 |
| | 麻油 | 1大匙 |
| | 檸檬汁 | 2小匙 |
| | 太白粉 | 1大匙 |

**美味的祕密！**

煮過頭的話檸檬和麻油的香氣會消失，請在收汁到有黏稠感時就關火。

**作法**

### 1 下鍋拌炒

不用放油，將豬五花肉和蔥一起下鍋拌炒。

### 2 炒至焦香

將豬肉和蔥炒到如照片般呈微焦金黃色，逼出焦香味。

### 3 調味

將調合均勻的**A**加入2，煮到醬汁呈黏稠狀就完成了。

濃郁醬汁滋味無敵！

# 甜鹹醬燒牛肉

**食材**（2人份）

| | | |
|---|---|---|
| 牛肉火鍋片 | | 300g |
| 迷迭香 | | 1根 |
| 馬鈴薯（切成一口大小） | | 200g |
| A | 醬油 | 4大匙 |
| A | 味醂 | 4大匙 |
| A | 砂糖 | 2大匙 |
| A | 蒜末 | 1大匙 |

**美味的祕密！**

馬鈴薯品種選用「五月皇后」。這種馬鈴薯不容易碎裂，可以享受鬆鬆軟軟的口感。

**作法**

### 1 拌炒肉片

開中火，鍋內倒入沙拉油（額外份量），油熱後，將牛肉片和迷迭香一起下鍋拌炒。

### 2 調味

將馬鈴薯稍微沾濕，蓋上保鮮膜微波4分鐘後放入鍋中，再加入調合好的**A**。

### 3 收汁

煮到出現黏稠感和光澤就完成了。

脆皮美味滿分！

# 鹽燒雞翅

**食材**（4支份）

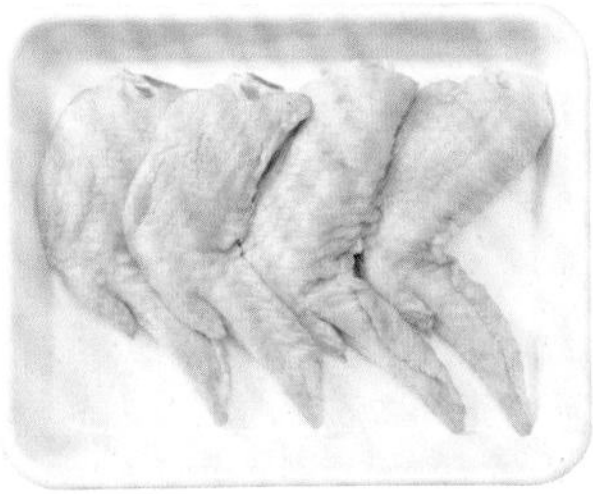

| | |
|---|---|
| 雞翅 | 4支 |
| 沙拉油 | 2大匙 |
| 鹽 | 4小撮 |
| 黑胡椒 | 4小撮 |

※1支雞翅各用1小撮的鹽和黑胡椒。

**美味的祕密！**

關鍵是用稍微多一點的油以小火慢煎。用中火的話會焦掉喔。

**作法**

### 1 將雞翅放入鍋中

雞翅兩面整體裹上黑胡椒和鹽，冷鍋裡倒入沙拉油，將雞翅皮朝下排列在鍋中。

### 2 煎雞翅

開小火，蓋上鋁箔（作為落蓋）並放上小湯鍋，發出噗滋噗滋的聲音後繼續煎10分鐘。

### 3 翻面煎

移開鋁箔和小湯鍋，將雞翅翻面再煎2分鐘就完成了。

美味的祕密是蜂蜜

# 正統印度烤雞

**食材**（2人份）

| | | |
|---|---|---|
| 雞腿肉 | | 2塊（1塊約250g） |
| A | 鹽 | 2小撮 |
| | 優格 | 3大匙 |
| | 番茄醬 | 2大匙 |
| | 咖哩粉 | 2大匙 |
| | 薑泥 | 1大匙 |
| 沙拉油 | | 1大匙 |
| 蜂蜜 | | 2大匙 |

**美味的祕密！**

若是增加A調味料的量，還能做成好吃到不行的咖哩雞。

### 1 醃漬

將切成一口大小的雞腿肉放入調理盆，加入A拌勻，用保鮮膜壓住，在常溫下醃漬30分鐘以上。

### 2 拌炒

鍋內倒入沙拉油，開稍弱一點的中火，放入1。拌炒至雞肉兩面都確實呈金黃色。

### 3 收尾

最後加入蜂蜜拌勻就完成了。

只會沾中濃醬就太可惜了！

# 米蘭風炸豬排

**美味的祕密！**

讓食材回到常溫後再下鍋油炸，就可以避免裡面沒熟的情況發生！

**食材**（1人份）

| | | |
|---|---|---|
| 豬里肌肉 | | 1塊（約150g） |
| 鹽 | | 2小撮 |
| 奧勒岡葉 | | 2小撮 |
| 黑胡椒 | | 2小撮 |
| **麵糊** | | |
| A | 水 | 3大匙 |
| A | 雞蛋 | 1顆 |
| A | 低筋麵粉 | 7大匙 |
| 乾燥麵包粉 | | 適量 |
| 炸油 | | 適量 |

### 番茄沾醬的製作方法

所需食材為小番茄（4等份）10顆，番茄醬1大匙，蒜末⅓小匙，橄欖油1小匙，砂糖3小撮，奧勒岡葉½小匙，鹽2小撮。將食材全部放入鍋中燉煮，待番茄軟化就完成了！

**作法**

## 1 事前準備

用叉子在整塊豬里肌肉上戳洞，抹上鹽、奧勒岡葉和黑胡椒。

## 2 沾裹麵糊

將**A**拌勻，製成麵糊（參照P43），將①放入均勻沾裹。

## 3 沾裹麵包粉

在備料盤之類的容器中放入麵包粉，再放上②，沾裹麵包粉。

## 4 油炸

將③放入170度的油鍋，炸到金黃色後起鍋，淋上番茄沾醬就可以開動了。

放了一段時間還是酥酥脆脆

# 日式炸雞塊

**美味的祕密！**

最後再裹太白粉可以讓雞塊長時間保持酥脆口感！

## 食材 （2人份）

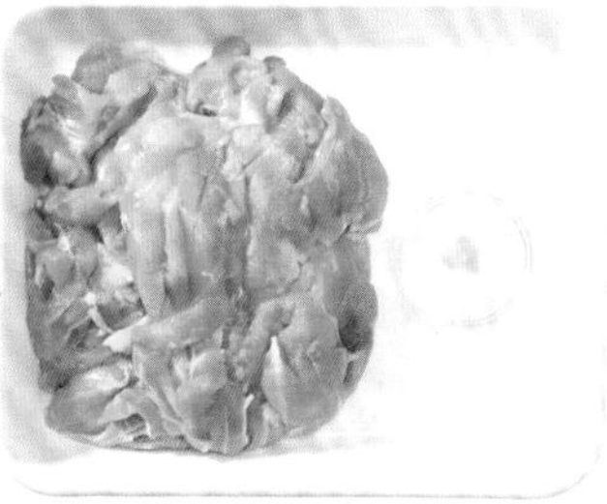

| | | |
|---|---|---|
| 雞腿肉 | | 2塊（1塊約250g） |
| A | 醬油 | 2大匙 |
| | 蒜末 | 4大匙 |
| | 昆布高湯粉 | 2小匙 |
| | 味醂 | 2大匙 |
| 麵粉 | | 6大匙 |
| 太白粉 | | 6大匙 |
| 炸油 | | 5大匙 |

### 基本切肉方法

切肉時要留意菜刀的摩擦，小心不要讓肉碎裂。不是往正下方施力，而是要讓刀刃大幅度地上下滑動切割。

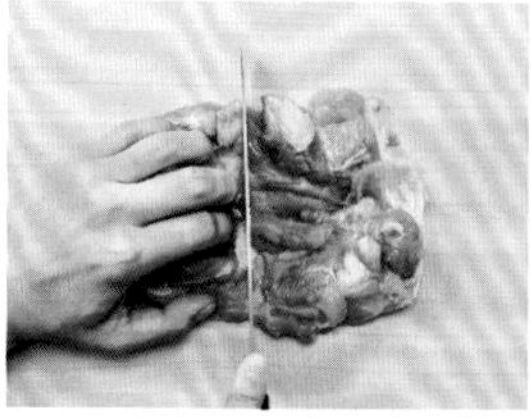

## 作法

### 1 切肉

將雞腿肉攤開在砧板上，較厚的部分用刀劃開鋪平，一片切成7～8等份。

### 2 醃漬

將調合好的**A**和①放入密封袋，擠出空氣後壓緊封條，在常溫下醃漬30分鐘左右。

### 3 裹粉

用紙巾稍微吸掉②的水分，依麵粉→太白粉的順序裹粉。

### 4 煎炸

開小火熱油，放入③煎炸至兩面金黃就完成了。如果要製作更多雞塊，用一般的油炸方式會更好。

中華餐館的熱門必點料理

# 酥脆油淋雞

**食材**（1～2人份）

| | |
|---|---|
| 雞腿肉 | 1塊（約250g） |
| 鹽 | 2小撮 |
| 太白粉 | 4大匙 |
| 炸油 | 5大匙 |

**美味的祕密！**

盡量多劃幾刀，把雞腿肉攤平，這樣煎炸時才能平均受熱，做出美味的油淋雞。

**作法**

## 1 裹粉

把雞腿肉較厚的部分用刀劃開鋪平。撒上鹽，再裹上上述份量的太白粉。

## 2 煎炸

平底鍋內倒入油，以小火煎炸至兩面金黃。起鍋後切成方便食用的大小，再淋上右方的醬汁就完成了。

**油淋雞醬汁的作法**

- 蔥末……½根
- 醬油……2大匙
- 醋……2大匙
- 砂糖……2大匙
- 蒜泥（管狀）……½小匙
- 雞高湯粉……⅓小匙
- 麻油……1大匙

食材全部放進調理盆內拌勻後，淋在剛炸好熱騰騰的雞肉上就可以開動了。

大人小孩都愛吃！

# 最強南蠻雞

**食材**（1～2人份）

| | |
|---|---|
| 雞腿肉 | 1塊（約250g） |
| 鹽 | 1小撮 |
| 麵粉 | 2大匙 |
| 雞蛋 | 1顆 |
| 炸油 | 5大匙 |
| 塔塔醬 | 依喜好 |

※使用濃郁蛋沙拉三明治的餡料（參照P25）

**美味的祕密！**

製作南蠻醋時，不使用砂糖，改用蜂蜜引出甜味會更好吃。

**作法**

## 1 事前準備

在雞腿肉上灑鹽，較厚的部分用刀劃開鋪平。

## 2 完成

裹上以麵粉和雞蛋拌勻而成的麵衣，再用左頁的方式煎炸。起鍋後切成5等份，淋上南蠻醋和塔塔醬就完成了。

**南蠻醋的作法**

醬油……2大匙
醋……1大匙
蜂蜜……2大匙
昆布高湯粉……½小匙

食材全部放進調理盆內拌勻就完成了。也可以當作沙拉醬使用。

用番茄醬提味

# 韓式炸雞

**食材**（2～3人份）

| | | |
|---|---|---|
| 雞腿肉 | | 2塊（1塊約250g） |
| 麵粉 | | 6大匙 |
| 炸油 | | 4大匙 |
| A | 韓式辣椒醬 | 2大匙 |
| | 番茄醬 | 4大匙 |
| | 燒肉醬（中辣） | 4小匙 |
| | 味醂 | 2小匙 |
| | 白芝麻 | 1小匙 |

**美味的祕密！**

韓式辣椒醬拌入番茄醬與味醂，能調合出絕妙的甜辣味。

**作法**

### 1 煎炸

把雞腿肉較厚的部分用刀劃開鋪平，1塊切成7～8等份。裹上麵粉後下鍋煎炸。以紙巾吸取逼出來的多餘油分。

### 2 調味

兩面都煎至金黃色後，加入A拌勻就完成了。

如果有小孩子或不敢吃辣的人，只要減少韓式辣椒醬的量，並把燒肉醬換成不辣的就行了！

溫和順口的調味

# 燉煮蘿蔔泥雞肉

**食材**（1～2人份）

| | | |
|---|---|---|
| 雞腿肉 | | 1塊（約250g） |
| 鹽 | | 1小撮 |
| 太白粉 | | 1大匙 |
| 沙拉油 | | 1大匙 |
| A | 醬油 | 1大匙 |
| | 味醂 | 1大匙 |
| | 酒 | 1大匙 |
| | 砂糖 | 1小匙 |
| | 和風高湯粉 | ½小匙 |
| | 白蘿蔔泥 | 150g（白蘿蔔4cm） |
| | 水 | 50mℓ |
| 茄子（切成一口大小） | | 1根 |

**美味的祕密！**

在雞肉外層裹上太白粉可以鎖住鮮味，並為料理增添適當的黏稠感。

**作法**

### 1 裹粉

將切成一口大小的雞腿肉放入調理盆，裹上鹽和太白粉。

### 2 煎雞肉

開中火，鍋內倒入沙拉油。放入1，確實煎至兩面金黃酥脆。

### 3 完成

將茄子沾濕，蓋上保鮮膜微波5分鐘。再將調合好的A和茄子放入2，煮至沸騰後等個幾秒再關火就完成了。最後依喜好撒上蔥末。

最適合當點心！

# 迷你美式炸熱狗

**美味的祕密！**

將太白粉和鬆餅粉混合，做出濕潤的麵衣。

**食材** （10根份）

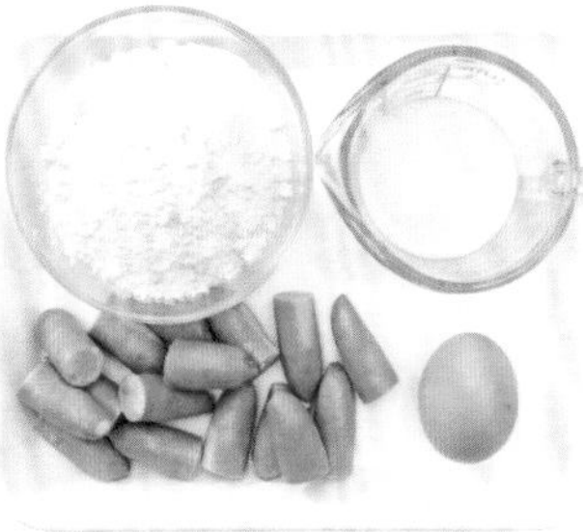

| | |
|---|---|
| 鬆餅粉 | 150g |
| 太白粉 | 1小匙 |
| 雞蛋 | 1顆 |
| 牛奶 | 130mℓ |
| 維也納香腸 | 10根 |
| 番茄醬 | 適量 |

即使冷掉也很好吃，所以
也很適合帶便當！當作派
對食物當然也很讚！

**作法**

**1 事前準備**

將維也納香腸切對半，在斷面插上牙籤。

**2 沾裹麵衣**

以打蛋器將雞蛋與牛奶攪拌均勻，再加入鬆餅粉和太白粉拌勻。放入1沾裹麵衣。

**3 油炸**

手抓牙籤處，將維也納香腸緩緩滑入170度的油鍋中。

**4 完成**

油炸時用料理筷翻面，炸至漂亮的金黃色。起鍋後沾上番茄醬就可以開動了。

不用料理塊也能做！

# 大家最喜歡的奶油燉菜

**美味的祕密！**

麵粉水能夠打造出濃郁奶油口感，是這道料理美味的關鍵！

**食材**　（2～3人份）

| | | |
|---|---|---|
| 雞腿肉（切成一口大小） | | 1塊（約200～250g） |
| 沙拉油 | | 1小匙 |
| 高麗菜（切成4cm大小） | | 1/8顆 |
| 胡蘿蔔（滾刀切成2cm大小） | | 1/2根 |
| A | 鹽 | 1小匙 |
| | 法式清湯（顆粒） | 1/2小匙 |
| | 砂糖 | 5小匙 |
| | 牛奶 | 400mℓ |
| B | 水 | 2大匙 |
| | 麵粉 | 2大匙 |

**讓料理更美味的祕訣**

說到勾芡，通常都會用太白粉水，但改用麵粉水能讓口感更滑順！將**B**的麵粉與水攪拌至均勻沒有結塊，加入料理吧！另外，也可以把高麗菜換成白菜，肉塊換成絞肉，享受變化的樂趣。

**作法**

### 1 炒雞腿肉

鍋內倒入沙拉油加熱，以中火將雞腿肉拌炒至金黃色。

### 2 放入蔬菜

胡蘿蔔沾水後蓋上保鮮膜微波2分鐘，然後將高麗菜與處理好的胡蘿蔔加入鍋中輕輕拌炒。

### 3 燉煮

在調理盆中將**A**調合，加入②。煮到沸騰後轉小火，將食材燉煮至熟透。

### 4 完成

調合**B**，製成麵粉水。關火，以畫圈方式倒入麵粉水，再開火煮至沸騰就完成了。

步驟簡單，份量滿點！

# 冷凍水餃蛋花湯

美味的祕密！
以雞高湯為基底，加入味噌和醬油，就成了偏和風口味的湯！

**食材**（2～3人份）

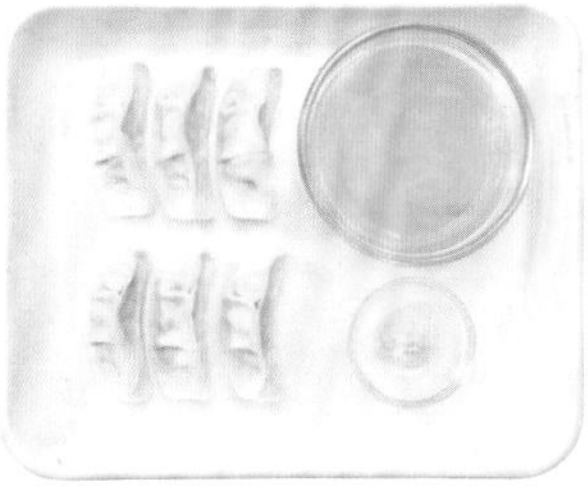

| | | |
|---|---|---|
| 冷凍水餃 | | 6顆 |
| 蛋液 | | 2顆份 |
| A | 水 | 500mℓ |
| | 蒜泥（管狀） | 1小匙 |
| | 醬油 | 2小匙 |
| | 豆瓣醬 | ⅓小匙 |
| | 雞高湯粉 | 1大匙 |
| | 味噌 | 1小匙 |
| | 砂糖 | 1小匙 |
| | 麻油 | 1大匙 |

**作法**

中火

### 1 加熱

將調合好的**A**倒入小湯鍋中，開火加熱。

中火

### 2 加入水餃

水餃下鍋，繼續加熱。

中火

### 3 倒入蛋液

將打好的蛋液加入2，待蛋花凝固至自己喜歡的熟度就關火。

冷掉也好吃！適合當點心！

# 酥炸魚肉香腸

**食材**（1～2人份）

| | | |
|---|---|---|
| 魚肉香腸 | | 2根 |
| 沙拉油 | | 適量 |
| A | 雞蛋 | 1顆 |
| | 麵粉 | 2大匙 |
| | 砂糖 | 2小撮 |
| 醬油 | | 適量 |

**美味的祕密！**

混入蛋液的麵衣經過煎炸再沾醬油吃，美味到讓人停不了口。

**作法**

### 1 製作麵衣

調理盆內放入**A**，用打蛋器攪拌至均勻沒有結塊。

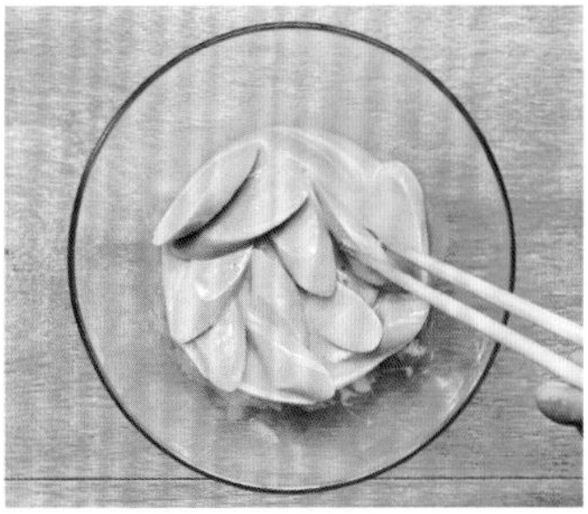

### 2 沾裹麵衣

將魚肉香腸切成5㎜厚的片狀，放入1沾裹麵衣。

### 3 煎炸

平底鍋內倒入油，放入2煎炸。起鍋後沾醬油就可以享用了。

世界上最好吃的鮭魚煎法！

# 奶油香煎鮭魚

**美味的祕密！**

煎的時候將鍋子傾斜，能逼出魚皮裡多餘的水分，煎出酥脆的魚皮和軟嫩的魚肉！

**食材**（1人份）

| | |
|---|---|
| 鹽漬鮭魚切片（少鹽） | 1片 |
| 奶油 | 1大匙 |
| 鴻喜菇 | ½袋 |
| 蒜泥（管狀） | ½小匙 |
| 醬油 | 1小匙 |

**作法**

1 煎鮭魚

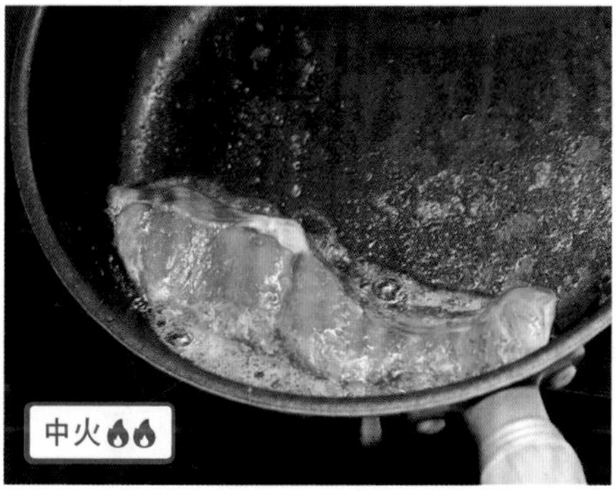


以中火熱鍋後放入奶油，並將鮭魚皮朝下下鍋。將平底鍋傾斜，利用鍋邊以半煎半炸的方式煎3分鐘。

2 翻面煎

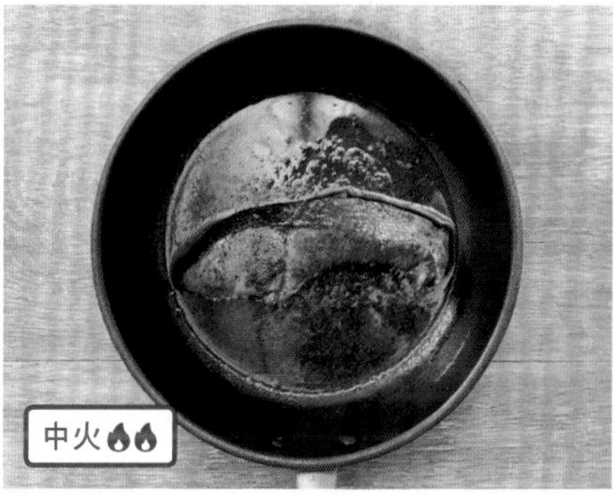


翻面再煎30秒，然後先起鍋。

3 炒配菜

利用剩餘的奶油拌炒鴻喜菇。

4 調味

將蒜泥與醬油以畫圈方式倒入鍋中拌勻就完成了。起鍋後和鮭魚一起裝盤享用。

想偷懶的日子做這個就對了！

# 梅煮罐頭鯖魚

**食材**（1人份）

| | |
|---|---|
| 水煮鯖魚罐頭（倒掉水） | 1罐 |
| 梅干（鹽分27%） | 1顆 |
| 薑泥（管狀） | 1大匙 |
| 醬油 | 1大匙 |
| 酒 | 2大匙 |
| 味醂 | 1大匙 |
| 水 | 50mℓ |

**美味的祕密！**

鯖魚特殊的魚油味只要搭上梅干，也能變得清爽好吃。

**作法**

### 1 食材下鍋

將所有食材放入鍋中，開火加熱。

### 2 完成

等它煮沸就完成了。

身體不舒服或累到什麼事都不想做的日子，做這道菜就對了。也很適合做給感冒的家人吃喔！

# PART3

蔬菜居然可以這麼好吃！

# 令人上癮的蔬菜食譜

就算是蔬菜，也能讓大人小孩都**吃到停不了口**。

本章集結了在Twitter上大受好評的蔬菜食譜，

每一道作法都**超級簡單**。

不想費太多心思的人，

請一定要試試看不需要食物處理機也能做的沙拉醬！

你絕對會為蔬菜的美味而驚艷！

簡直就像義大利麵!!

# 香蒜辣椒菠菜

美味的祕密！

總之就是用小火！吸飽了
的高湯的菠菜超級美味！

## 食材（1人份）

| | |
|---|---|
| 菠菜 | 1袋 |
| 橄欖油 | 1大匙 |
| 奶油 | 1小匙 |
| 蒜頭（切成1mm薄片） | 2瓣 |
| 鷹爪辣椒（切片） | 1根 |
| 雞高湯粉 | 1小匙 |
| 水 | 2大匙 |
| 鹽 | 3小撮 |

**讓料理更美味的秘訣**

烹煮含有水分的料理時，若是長時間使用中火～大火，會使水分蒸發而變得太鹹，用小火～中火就不會失敗。

## 作法

### 1 香辛料下鍋

開小火，鍋中放入橄欖油、奶油、蒜片、鷹爪辣椒，煎至蒜頭呈金黃色。

### 2 加入菠菜

切除菠菜的根部，將菠菜放入1中。

### 3 拌炒

維持小火，將菠菜拌炒至熟。

### 4 最後調味

加入以雞高湯粉、鹽、水調合而成的湯汁，輕輕攪拌均勻就完成了。

好吃到像餐廳賣的！

# 展現真本事的義大利雜菜湯

**美味的祕密！**

光是加入奧勒岡葉就能讓味道馬上變專業，打造出非同尋常的美味！

**食材**（2人份）

| | |
|---|---|
| 番茄罐頭（切丁） | ½罐 |
| 水 | 200mℓ |
| 洋蔥 | ¼顆 |
| 高麗菜 | ⅛顆 |
| 胡蘿蔔 | ¼根 |
| 蕪菁 | 1顆 |
| 法式清湯（顆粒） | 1小匙 |
| 砂糖 | 1小匙 |
| 鹽 | ½小匙 |
| 奧勒岡葉 | ½小匙 |
| 番茄醬 | ½大匙 |
| 蒜泥 | ¼小匙 |

**作法**

## 1 食材下鍋

將所有蔬菜切成一口大小（胡蘿蔔比較不易熟，要切更小塊一點）。將所有食材放入鍋中，煮至沸騰。

## 2 燉煮

沸騰後蓋上鍋蓋，轉文火繼續煮20分鐘。

## 3 完成

所有食材都煮至軟爛，胡蘿蔔也確實熟透就完成了。

軟嫩燙口，令人欲罷不能！

# 酪梨天婦羅

**食材**（1～2人份）

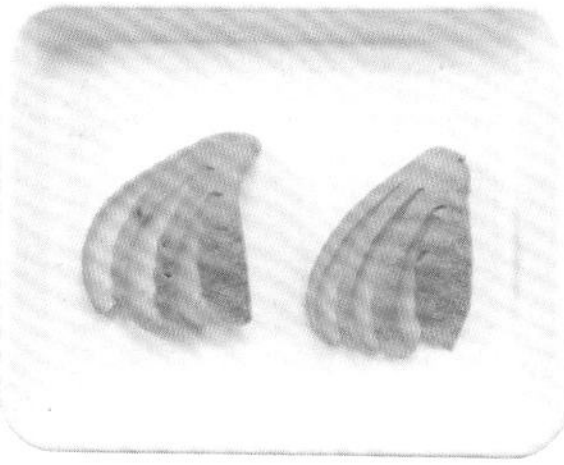

| | | |
|---|---|---|
| 酪梨（切扇狀） | | 1顆 |
| 天婦羅麵衣 | | 依包裝記載 |
| 天婦羅粉（手粉用） | | 適量 |
| 炸油 | | 適量 |
| A | 芥末（管狀） | 1/3小匙～依喜好 |
| | 醬油 | 1/2小匙 |
| | 美乃滋 | 2小匙 |

**美味的祕密！**

經過加熱後，酪梨原有的生味就會消失，口感也會變得軟爛！

**作法**

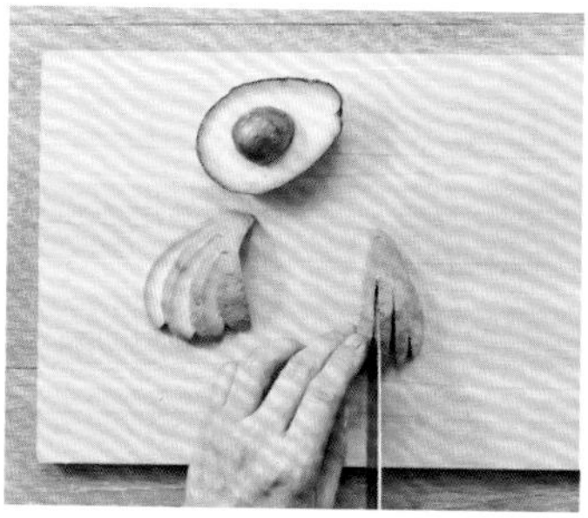

### 1 切酪梨

先將酪梨對半切開，取出果核，再像照片一樣劃幾刀，切成扇狀。

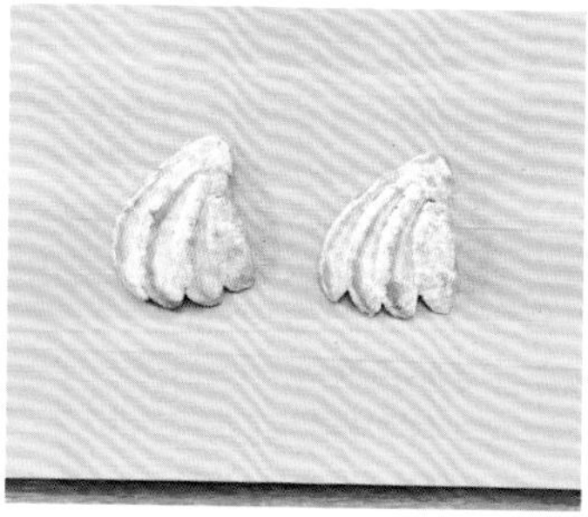

### 2 裹上手粉

將1放在砧板上，裹上手粉。

### 3 油炸

2沾裹天婦羅麵衣，放入170度的油鍋，炸至麵衣凝固即可起鍋。搭配以A調合的醬汁享用。

下酒也下飯！

# 蒜香奶油馬鈴薯

**食材**（1～2人份）

| | |
|---|---|
| 馬鈴薯（男爵） | 250～300g |
| 奶油 | 1大匙 |
| 培根（切絲） | 50g |
| 沙拉油 | 1大匙 |
| 蒜頭（切成1㎜薄片） | 1～2瓣 |
| 奧勒岡葉 | 1小匙 |
| 黑胡椒 | ½小匙 |
| 醬油 | ½大匙 |

**美味的祕密！**

雖然主要的調味料只有醬油，但食材的焦香味為料理增色不少。

**作法**

### 1 微波加熱

將馬鈴薯切成一口大小，灑上鹽（額外份量）和水，蓋上保鮮膜微波8分鐘。

### 2 拌炒

開小火，鍋中倒入沙拉油，油熱後將奶油、蒜頭、培根下鍋。灑上奧勒岡葉和黑胡椒後加入1。

### 3 調味

待馬鈴薯表面呈微焦金黃色，將醬油以畫圈方式倒入，再稍微拌炒就完成了。

沒力氣煮飯的日子就做這道！

# 烤雞罐頭炒蔬菜

**食材**（1～2人份）

| | |
|---|---|
| 烤雞罐頭（醬燒） | 2罐 |
| 沙拉油 | 1小匙 |
| 高麗菜 | 1/8顆 |
| 豆芽菜 | 1/2袋 |
| 醬油 | 1小匙 |
| 麻油 | 1/3小匙 |

**美味的祕密！**

利用烤雞罐頭，就可以享受平常的家庭料理難以呈現的炭火燒烤香！

**作法**

## 1 炒蔬菜

開中火，鍋內倒入沙拉油，油熱後，放入切成一口大小的高麗菜和豆芽菜拌炒。

## 2 加入烤雞罐頭

蔬菜逐漸軟化後，在鍋子中央空出一塊位置，將烤雞罐頭裡的肉和醬汁一同下鍋。

## 3 拌炒

將鍋中食材拌炒混合，再加入醬油和麻油就完成了。

放了一段時間還是酥酥脆脆！

# 甜鹹炸牛蒡絲

**美味的祕密！**

讓醬汁均勻裹上牛蒡絲的訣竅，就是要將炸好的牛蒡一根一根分開。

## 食材 （1～2人份）

| | | |
|---|---|---|
| 牛蒡(切絲) | | 100～150g |
| 麵粉 | | 5大匙 |
| 水 | | 4大匙 |
| 炸油 | | 適量 |
| A | 醬油 | 1大匙 |
| | 味醂 | 1大匙 |
| | 砂糖 | 2小匙 |
| | 和風高湯粉 | 1小撮 |
| | 白芝麻 | 1小匙 |

### 讓料理更美味的祕訣

在煮醬汁時，先稍微煮掉醬油裡的水分再加入牛蒡，就能讓牛蒡絲長時間保持酥脆口感。

## 作法

### 1 裹上麵衣

將牛蒡切成絲後泡水3分鐘，去除澀味。在調理盆內將麵粉和水攪拌均勻，放入瀝乾水分的牛蒡絲，沾裹麵衣。

### 2 油炸

放入170度的油鍋中油炸。炸的時候要以料理筷撥開牛蒡絲，不要讓牛蒡絲黏在一起。

### 3 起鍋瀝油

炸到變成金黃色，且摸起來有酥脆感時，就可以撈起瀝油了。起鍋後將牛蒡絲一根一根分開。

### 4 醬燒

將A放入平底鍋，以小火煮至水分稍微收乾。加入③並撥散，讓牛蒡絲都裹上醬汁就完成了。

不需使用高湯粉！

# 鮮味滿滿法式燉菜鍋

**食材**（方便製作的份量）

| | |
|---|---|
| 維也納香腸 | 6根 |
| 胡蘿蔔 | ½根 |
| 洋蔥 | ¼顆 |
| 高麗菜 | ¼顆 |
| 蕪菁 | 1顆 |
| 番茄 | 1顆 |
| 水 | 500mℓ |
| 鹽 | 1小匙 |
| 昆布高湯粉 | 1小匙 |
| 沙拉油 | 1小匙 |

**美味的祕密！**

維也納香腸的焦香味和清爽的昆布高湯讓湯汁變得鮮美無比。

**作法**

## 1 煎維也納香腸

鍋中倒入沙拉油，以中火熱油後，放入斜切成片狀的維也納香腸，拌炒到呈微焦金黃色。

## 2 加入蔬菜

將蔬菜全部切成一口大小，加入1。接著再加入水、鹽、昆布高湯一起燉煮。

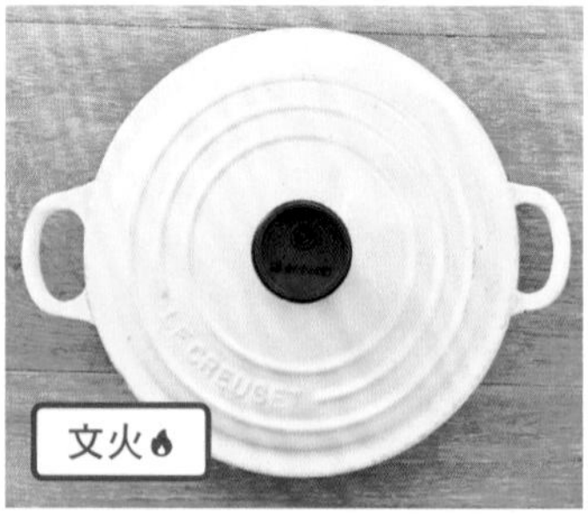


## 3 燉煮

沸騰後轉文火，蓋上鍋蓋繼續燉煮30分鐘就完成了。

既清爽又富有層次的味道！

# 紫蘇葉亞洲風味沙拉

**食材**（1～2人份）

| | |
|---|---|
| 小黃瓜 | 1根 |
| 番茄 | 1顆 |
| 甜辣醬 | 1大匙 |
| 醬油 | ½小匙 |
| 紫蘇葉（剪碎） | 2片 |

**美味的祕密！**

市售的甜辣醬搭上醬油，就是最棒的沙拉醬！

**作法**

## 1　拌勻食材

將小黃瓜與番茄滾刀切塊後放進調理盆，再加入以甜辣醬和醬油調合而成的醬汁。

## 2　剪碎紫蘇葉

用廚房剪刀先將紫蘇葉剪成流蘇狀，再從葉緣開始一刀一刀剪碎，下方用調理盆接著。

**讓料理更美味的祕訣**

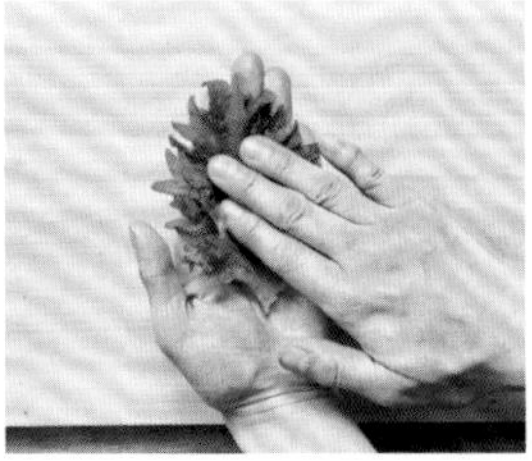

在剪之前，先將紫蘇葉放在手心上拍幾下，這樣可以拍碎纖維，增強香氣。

只要想吃隨時都可以做！

# 蔬菜大阪燒

美味的祕密

花枝風味天婦羅花是這道菜的關鍵角色，它和高麗菜是最棒的搭擋！

**食材**（2人份）

| | | |
|---|---|---|
| 高麗菜（切絲） | | $\frac{1}{2}$顆 |
| A | 大阪燒粉 | 100g |
| | 雞蛋 | 1顆 |
| | 水 | 160mℓ |
| | 美乃滋 | 2小匙 |
| | 昆布高湯粉 | 1大匙 |
| | 天婦羅花（花枝風味） | 3大匙 |
| 沙拉油 | | 2大匙 |

**讓料理更美味的祕訣**

在大阪燒麵糊裡加入美乃滋，可以利用其中所含的油脂使溫度更快上升，而美乃滋的酸味會揮發掉，只留下層次豐富的味道。

**作法**

## 1 攪拌麵糊

在調理盆裡加入**A**，並用打蛋器攪拌均勻。接著再加入高麗菜絲拌勻。

## 2 下鍋

在冷鍋中倒入沙拉油，再倒入1，開中火。在這個步驟要用橡膠刮刀整理邊緣的形狀。

## 3 蓋上落蓋

當油開始發出聲音時轉小火，蓋上鋁箔（作為落蓋），繼續煎15分鐘。

## 4 翻面煎

劃個十字，將大阪燒切成4等份並一一翻面。再次蓋上鋁箔煎7～10分鐘左右就完成了。最後淋上大阪燒醬、美乃滋，並灑上海苔粉和天婦羅花享用。

外脆內鬆軟♪

# 蜜南瓜

**食材**（1～2人份）

| | | |
|---|---|---|
| 南瓜（滾刀切塊） | | ¼顆 |
| 炸油 | | 適量 |
| A | 醬油 | 1小匙 |
| | 砂糖 | 5大匙 |
| | 水 | 1大匙 |
| | 黑芝麻 | 2小匙 |

**美味的祕密！**

在步驟2若太常去動南瓜，會讓南瓜碎掉，要多加注意。

**作法**

## 1 油炸

將南瓜滾刀切塊後，蓋上保鮮膜微波6分鐘。接著把微波好的南瓜放入170度的油鍋，炸至金黃酥脆就可以撈起瀝油了。

## 2 裹上醬汁

將A放入平底鍋，煮到剩下一半的量。加入1的南瓜，讓南瓜裹上醬汁。

## 3 冷卻

將南瓜鋪在烘焙紙上，待其冷卻就完成了。

不小心就吃掉一整碗！

# 美味醃漬小黃瓜

**食材** （1～2人份）

| | | |
|---|---|---|
| 小黃瓜 | | 2根 |
| A | 醬油 | 2小匙 |
| | 麵味露 | 2小匙 |
| | 醋 | 1小匙 |
| | 和風高湯粉 | 3小撮 |
| | 蒜泥（管狀） | 少許 |
| | 白芝麻 | ¼小匙 |

**美味的祕密！**

大根的小黃瓜出水比較多，會把調味稀釋，要多加注意！

**作法**

## 1 調味

將小黃瓜滾刀切塊後放入調理盆，加入調合好的**A**。

## 2 用料理筷攪拌

用料理筷上下翻動食材，攪拌均勻就完成了。

這道菜超適合配啤酒！
是一道就算很累
也可以三兩下完成的
夏季必備料理。

酥脆不焦黑

# 自製酥炸蒜片

**美味的祕密！**

由於蒜片容易焦掉，可以從頭到尾都用文火！

## 食材

| | |
|---|---|
| 蒜頭（切成1㎜薄片） | ½球 |
| 炸油 | 300㎖ |
| 水 | 1000㎖ |

**讓料理更美味的祕訣**

為了防止蒜片焦掉，要記得別讓油溫升得太高。在炸油還不太熱的時候放入蒜片，變成金黃色之前就能確實逼出水分。

## 作法

### 1 泡水

用切片器之類的工具將蒜頭切成1㎜薄片，泡水30分鐘。取出後以廚房紙巾將水分吸乾。

### 2 油炸

以小火熱油，當油開始冒泡時加入蒜片，轉文火。

### 3 撈起瀝油

當蒜片開始變色時，在比自己的感覺稍微早一點的時機快速撈起瀝油。

### 4 吸油

在鋪了廚房紙巾的備料盤中放上③，將多餘油分吸掉就完成了。炸蒜片可以當作肉料理或沙拉的配料，剩下的蒜油也能用來炒菜或做義大利麵。

剩餘的蛋白搖身一變成為美味料理

# 酪梨美乃滋蛋沙拉

**食材**（1人份）

| | | |
|---|---|---|
| 蛋白（和400mℓ的水一起微波1分半鐘） | | 2顆份 |
| 酪梨（切塊） | | ½顆 |
| A | 美乃滋 | 2大匙 |
| | 醬油 | ¼小匙 |
| | 砂糖 | 1小撮 |

微波蛋白的步驟

請參考P33的溫泉蛋食譜。

**美味的祕密！**

蛋白味道清淡，跟酪梨＋美乃滋是絕配！

**作法**

### 1 放入調理盆

瀝乾水分後，將切碎的蛋白和酪梨放入調理盆拌勻，接著加入A。

### 2 攪拌

用橡膠刮刀將1粗略攪拌均勻就完成了。

**小妙招**

有些料理只需要用到蛋黃，這時可以將剩下的蛋白鋪平放入密封袋冷凍保存。想要簡單加菜的時候就可以做這道料理。

葉子可以做成絕品配料，丟掉實在太可惜！

# 白蘿蔔葉拌飯香鬆

**食材**（方便製作的份量）

| | |
|---|---|
| 白蘿蔔葉（切小段） | 1根的量 |
| 魩仔魚 | 4大匙 |
| 柴魚片 | 1大匙 |
| 白芝麻 | 1大匙 |
| 醬油 | ¼小匙 |
| 麻油 | 1小匙 |

除了白蘿蔔葉以外，
也可以使用當季
蕪菁的葉子製作！

**美味的祕密！**

關火後再淋上麻油，才能保留麻油的香氣。

**作法**

小火

### 1 乾煎

不用放油，開小火，鍋中放入白蘿蔔葉和魩仔魚，煎至水分揮發。

關火

### 2 加入柴魚片和白芝麻

關火，將柴魚片和白芝麻加入1攪拌均勻。

關火

### 3 調味

醬油和麻油調合好一起加入鍋中，讓整體都吸附醬汁後就完成了。

永遠不會吃膩的沙拉好夥伴

# 5種沙拉醬

onion dressing

# 萬能洋蔥沙拉醬

**食材**

| | |
|---|---|
| 洋蔥（磨泥） | 1/4顆（66g） |
| 醬油 | 2大匙（37g） |
| 醋 | 5大匙（25g） |
| 砂糖 | 2小匙（9g） |
| 沙拉油 | 40mℓ |

**作法**

把洋蔥磨成泥，再將所有食材拌在一起！

※如果有食物處理機或果汁機，直接把所有食材放進去打當然也OK！

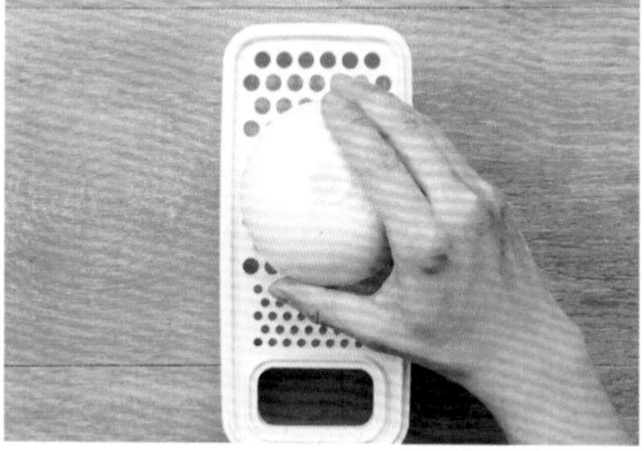

sesame dressing

# 胡麻沙拉醬

### 食材

| | |
|---|---|
| 腰果（磨碎） | 10顆 |
| 白芝麻（磨碎） | 6大匙 |
| 醬油 | 4大匙 |
| 醋 | 1小匙 |
| 砂糖 | 2大匙 |
| 美乃滋 | 4大匙 |
| 水 | 4大匙 |

### 作法

將白芝麻和腰果分別以研磨缽磨碎，再和其他食材一起以打蛋器攪拌均勻即可！

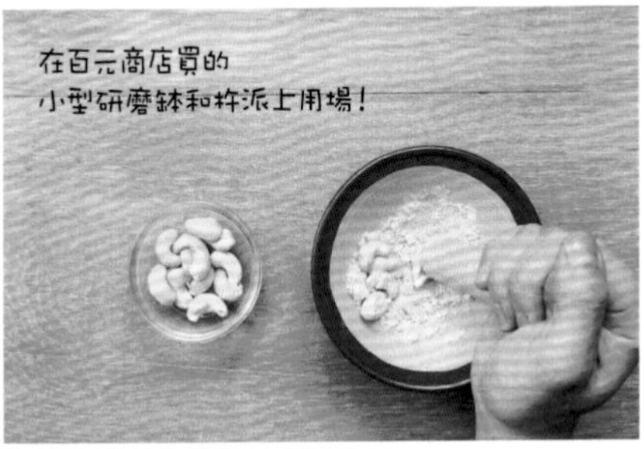
在百元商店買的
小型研磨缽和杵派上用場！

ginger dressing

# 薑汁沙拉醬

### 食材

| | |
|---|---|
| 薑泥 | 2大匙 |
| 醬油 | 2大匙 |
| 醋 | 2小匙 |
| 蜂蜜 | 3大匙 |
| 沙拉油 | 4大匙 |

### 作法

將所有食材以打蛋器拌勻即可！

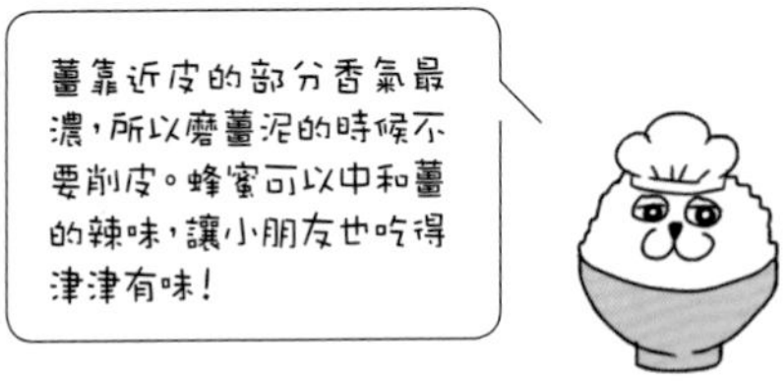
薑靠近皮的部分香氣最濃，所以磨薑泥的時候不要削皮。蜂蜜可以中和薑的辣味，讓小朋友也吃得津津有味！

※每一種沙拉醬都可以直接採用將所有食材放進食物處理機或果汁機裡打的作法！

caesar dressing

# 凱薩沙拉醬

### 食材

| | |
|---|---|
| 蒜泥 | ½瓣 |
| 鯷魚（磨泥） | 4片 |
| 牛奶 | 90mℓ |
| 美乃滋 | 6大匙 |
| 砂糖 | 1小匙 |
| 中濃醬 | 1小匙 |
| 黑胡椒 | 2小撮 |
| 起司粉 | 3大匙 |

### 作法

用菜刀的刀刃將鯷魚磨碎，再將所有食材以打蛋器拌勻即可！

比起用切的，以這種方式
磨碎鯷魚會更簡單！

carrot dressing

# 胡蘿蔔沙拉醬

### 食材

| | |
|---|---|
| 胡蘿蔔 | ½根 |
| 洋蔥 | 1/16顆 |
| 番茄醬 | 3大匙 |
| 美乃滋 | 1大匙 |
| 鹽 | 2小撮 |
| 砂糖 | 1小匙 |
| 水 | 3大匙 |
| 沙拉油 | 1大匙 |

### 作法

將胡蘿蔔和洋蔥磨成泥，再和其他食材一起以打蛋器攪拌均勻即可！

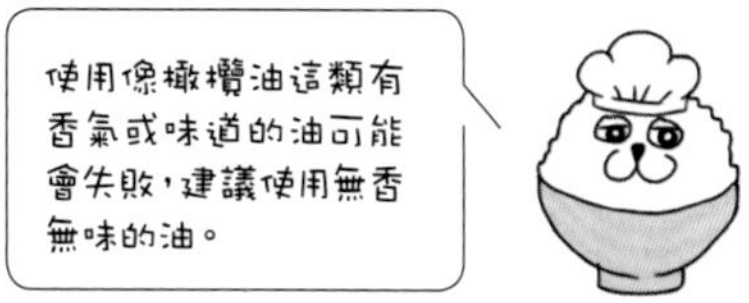
使用像橄欖油這類有
香氣或味道的油可能
會失敗，建議使用無香
無味的油。

這個組合實在太棒了！

# 鯷魚花椰菜

**食材**（1人份）

| | | |
|---|---|---|
| 冷凍花椰菜 | | 約15朵(200g) |
| 沙拉油 | | 2大匙 |
| A | 鯷魚(磨碎) | 3片 |
| | 蒜頭(切末) | 1小匙 |
| | 鷹爪辣椒(切片) | 1根 |

這道菜涼了也很好吃，所以我常常一次做很多放著。

**美味的祕密！**

加入冷凍花椰菜微波時產生的水分，就可以防止燒焦！

**作法**

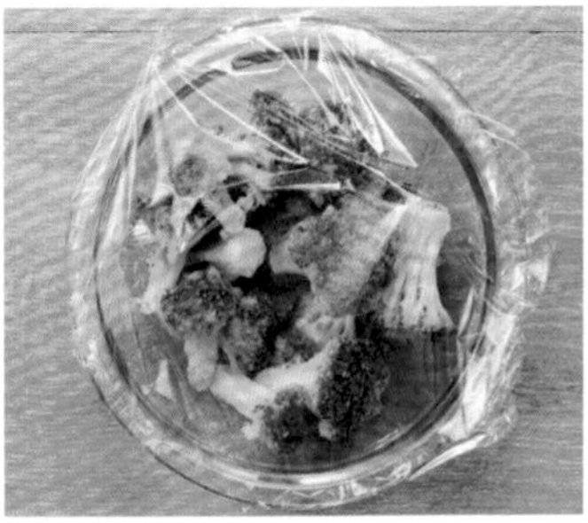

## 1 解凍

將冷凍花椰菜放進調理盆，蓋上保鮮膜微波解凍。

## 2 拌炒

開小火，在鍋裡放入沙拉油和**A**，待蒜頭變色後，將1連同產生的水分全部倒入，轉中火拌炒至水分收乾就完成了。

**小妙招**

如果是使用新鮮花椰菜，在花椰菜下鍋的時候要加點水，防止蒜頭焦掉。

PART4

大部分都可以用家中現有的食材做出來！

# 升級版招牌菜色！麵類食譜

假日的中午大家常常會做麵食來吃。

這裡介紹的食譜，能讓大家最喜歡的

義大利麵、烏龍麵、炒麵等常見招牌菜色再升級，

吃起來就像外面賣的一樣。

雖然需要多費一點點工夫，

還請大家務必照著食譜做看看！

不需要任何技巧！

# 香蒜辣椒義大利麵

**美味的祕密！**

先將調合均勻的A加入鍋中，就能做出餐廳般的濃稠醬汁。

**食材**（1人份）

| | | |
|---|---|---|
| 義大利麵 | | 100g |
| 蒜頭（切末） | | 1小匙 |
| 鷹爪辣椒（用剪刀剪成1mm片狀） | | 1根 |
| 橄欖油 | | 2大匙 |
| 巴西里（切末） | | 1小匙 |
| A | 煮麵水 | 120mℓ |
| | 麵粉 | ½小匙 |
| | 鹽 | 1～3小撮 |

**讓料理更美味的祕訣**

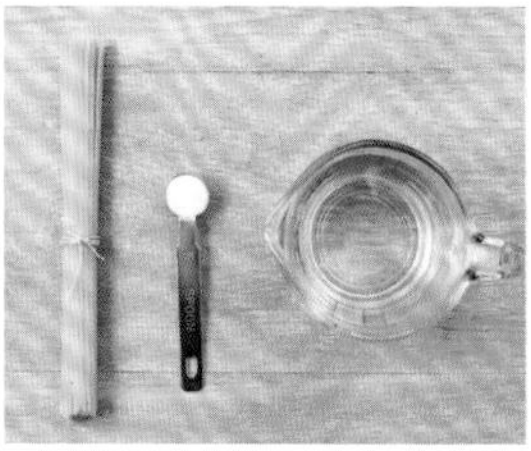

愈是簡單的義大利麵，煮麵水裡鹽的比例就愈重要。鹹度的基準是500mℓ的水對1小匙的鹽。只要記住這一點，無論是做什麼義大利麵都會變得好吃很多。

**作法**

## 1 將味道煸進油裡

橄欖油倒入鍋中，開文火熱油，接著加入蒜頭、辣椒煸炒。用另一個鍋子煮義大利麵。

## 2 製作醬汁

蒜頭的香味出來後，將事先調合均勻的**A**以劃圈方式加入鍋中。

## 3 煮至濃稠

不時用木鏟攪拌醬汁，直到醬汁煮至濃稠。

## 4 加入義大利麵

將煮好的義大利麵放入③，與醬汁均勻混合就完成了。

大家最愛的招牌口味！

# 餐廳級拿坡里義大利麵

**食材**（1人份）

| | | |
|---|---|---|
| 義大利麵 | | 100g |
| 維也納香腸（斜切） | | 3根 |
| 洋蔥（切絲） | | ¼顆 |
| 沙拉油 | | 1小匙 |
| A | 番茄醬 | 5大匙 |
| | 砂糖 | 2小匙 |
| | 奶油 | 1小匙 |
| | 蒜泥 | ⅓小匙 |
| | 法式清湯（顆粒） | ⅓小匙 |
| 彩椒（黃色，縱向切條） | | ½顆 |

**美味的祕密！**

維也納香腸的焦香味與加了砂糖的番茄醬能增添料理的風味！

**作法**

### 1 拌炒

倒入沙拉油，開中火，將洋蔥和維也納香腸拌炒到呈微焦金黃色。

### 2 調味

加入A，煮到醬汁剩下約一半。

### 3 加入義大利麵

在②中加入煮好的義大利麵和生彩椒，攪拌均勻就完成了。裝盤後可以依喜好灑上適量的起司粉享用。

逼出食材的鮮味！

# 鴻喜菇培根和風義大利麵

**食材**（1人份）

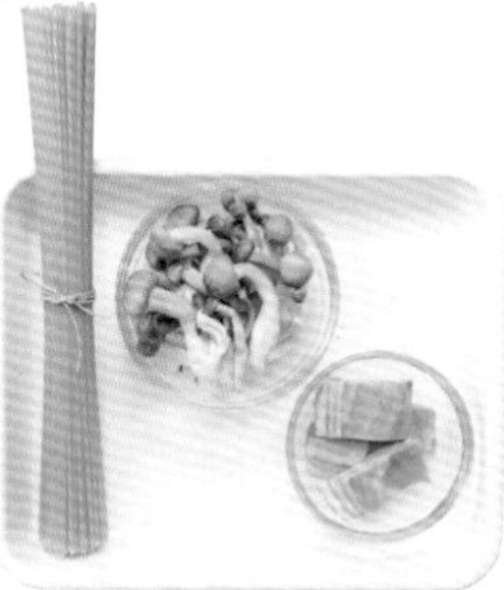

| | | |
|---|---|---|
| 義大利麵 | | 100g |
| 奶油 | | 1大匙 |
| 橄欖油 | | 1小匙 |
| 鴻喜菇 | | 50g |
| 培根（半條） | | 4片 |
| A | 水 | 100mℓ |
| | 麵味露 | 1大匙 |
| | 醬油 | 2小匙 |

**美味的祕密！**

炒過的鴻喜菇非常鮮甜！確實地拌炒是菇類的料理重點！

**作法**

## 1 拌炒

開中火，加熱奶油和橄欖油，將鴻喜菇和培根（切小片）炒至呈微焦金黃色。

## 2 調味

將調合好的**A**加入1拌勻。

## 3 完成

將煮好的義大利麵加入2，稍微拌炒一下就完成了。裝盤後可以依喜好灑上白芝麻、海苔絲和蔥花。

肉香滿溢

# 層次豐富的簡單番茄肉醬麵

**美味的祕密！**

一次做2～3人份以上的醬汁會比只做1人份更好吃，多做一點放著用也很方便。

**食材**（2～3人份）

| | | |
|---|---|---|
| | 義大利寬麵 | 100g |
| | 牛豬混合絞肉 | 200g |
| | 奶油 | 1小匙 |
| A | 洋蔥（切碎） | ½顆 |
| A | 蒜泥 | 1大匙 |
| A | 鹽 | 1小匙 |
| A | 砂糖 | 1大匙 |
| A | 紅酒 | 200mℓ |
| B | 蔬菜汁 | 200mℓ |
| B | 番茄罐頭（切丁） | 1罐（400g） |

**讓料理更美味的祕訣**

在步驟1的時候若有確實將絞肉煎到金黃，鮮味和層次都會倍增。但是要注意，在煎的過程中太常翻動的話，會很難把肉煎出顏色，變得又白又乾！

**作法**

## 1 煎絞肉

鍋中放入奶油和絞肉，將絞肉煎到呈現微焦金黃色。

## 2 加入紅酒

將A全部加入鍋中，燉煮至水分剩下⅓。

## 3 加入番茄罐頭

水分收乾後加入B，煮至沸騰。

## 4 燉煮

沸騰後轉文火，蓋上蓋子燉煮20分鐘後醬汁就完成了。將煮好的義大利寬麵與適量的醬汁拌勻，再依喜好撒上起司粉享用。

有碗就可以做

# 令人陶醉的滑順奶油雞蛋麵

**美味的祕密！**

用平底鍋做的話蛋容易結塊，而用調理盆製作則是很快就會冷掉，所以做好後要馬上盛盤。

**食材**（1人份）

| | | |
|---|---|---|
| 義大利寬麵 | | 100g |
| A | 雞蛋（常溫） | 1顆 |
| A | 起司粉 | 3大匙 |
| A | 昆布高湯粉 | 1小匙 |
| A | 砂糖 | 3小撮 |
| A | 鹽 | 1～2小撮 |

| | |
|---|---|
| 煮麵水 | 2大匙 |
| 奶油 | 1大匙 |
| 黑胡椒 | 依喜好 |

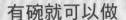

作法

1 將食材放入調理盆

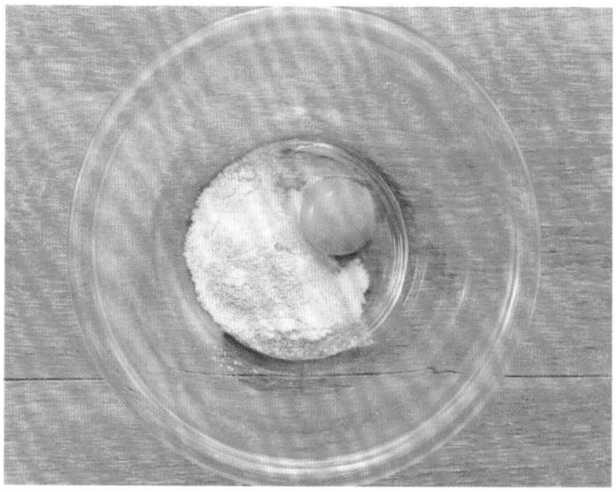

開始煮義大利寬麵。將**A**放入調理盆，攪拌至蛋完全沒有結塊。

2 繼續攪拌

在1中加入奶油和煮麵水，一邊攪拌一邊使奶油融化，直到變得滑順。

3 完成

將煮好的義大利寬麵加入2，裹上醬汁。

4 盛盤

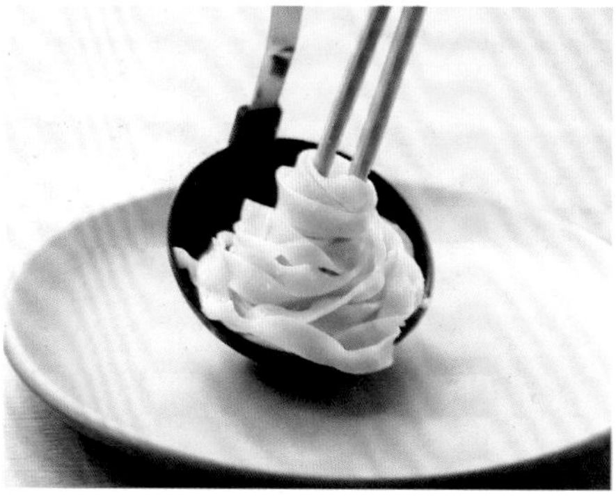

用湯勺輔助將麵捲起來，分2次盛盤，就能讓擺盤非常漂亮。最後依喜好撒上黑胡椒享用。

一定要告訴大家！

## 方便的冷凍義大利麵

為了保持義大利麵的嚼勁並防止煮過頭，煮好後就要馬上冷卻。想吃義大利麵的時候可以馬上用微波爐解凍，隨時享用，超級方便！100g的義大利麵煮好大約會變成230g（2.3倍）。

煮麵時間比包裝上寫的少1分鐘，煮好後撈起瀝乾，放入冰塊水中急速冷卻。

加入適量的橄欖油，用料理筷等工具攪拌均勻。

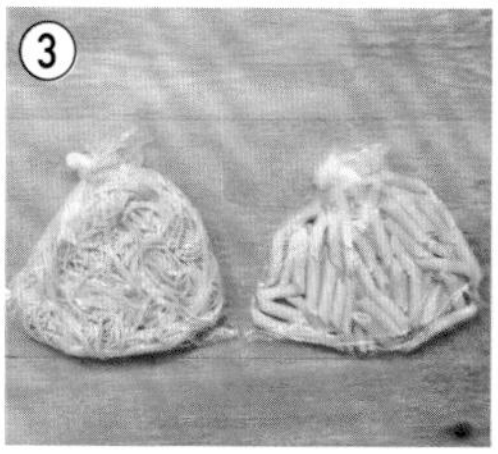

確實冷卻後，分裝成1人份袋，鋪平並封口，放入冷凍庫。

No.1簡單的義大利麵！

# 明太子奶油義大利麵

## 食材 （1人份）

| | | |
|---|---|---|
| 義大利麵 | | 100g |
| A | 辛子明太子醬(市售) | 1袋 |
| | 牛奶 | 200mℓ |
| | 砂糖 | 1小匙 |
| | 昆布高湯粉 | 1小匙 |
| | 奶油 | 1大匙 |

我從以前就很喜歡便利商店賣的明太子奶油義大利麵，所以試著重現了那個味道。

**美味的祕密！**

砂糖和昆布高湯能讓鮮味和層次都更加豐富！

## 作法

### 1 製作醬汁

將A倒入平底鍋中加熱。

### 2 加入義大利麵拌勻

煮好的義大利麵加入1，裹上醬汁後就可以裝盤了。可以依喜好撒上海苔絲和蔥花享用。

**讓料理更美味的祕訣**

醬汁若是煮太久，水分和香氣都會消失，變得不好吃，要多注意！以昆布茶代替昆布高湯也可以。

給喜歡濃郁口感的人！

# 培根起司筆管麵

**食材**（1人份）

| | | |
|---|---|---|
| 筆管麵 | | 80g |
| 培根（切成1cm寬） | | 80g |
| 橄欖油 | | 1小匙 |
| 黑胡椒 | | ½小匙 |
| A | 水 | 50mℓ |
| | 砂糖 | 2小撮 |
| 起司粉 | | 5大匙～喜好的量 |
| 橄欖油（最後調味用） | | 2小匙 |

**美味的祕密！**

起司粉是這道菜的關鍵角色。醬汁的鹹度也是靠起司粉的量來調整。

**作法**

### 1 準備醬汁

鍋中倒入橄欖油，加入培根和黑胡椒翻炒。接著加入A。

### 2 加入義大利麵拌勻

加入煮好的筆管麵和起司粉，快速攪拌均勻。

### 3 最後調味

將橄欖油（建議選用特級初榨橄欖油）以畫圈方式加入2，稍微攪拌一下就完成了。

也可以搭配啤酒！

# 煎炸義大利馬鈴薯麵疙瘩

## 食材 （1～2人份）

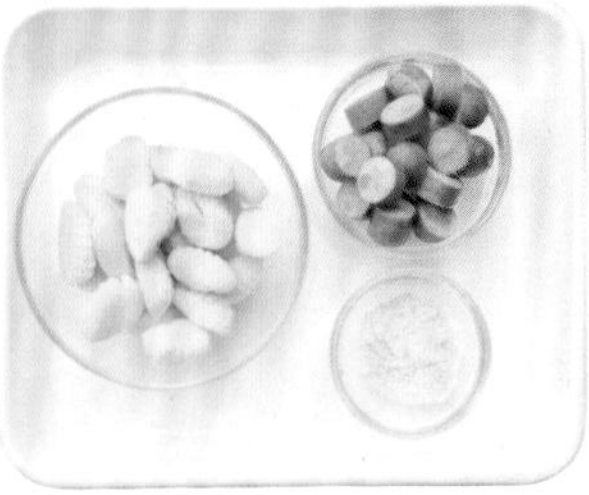

| | |
|---|---|
| 義大利馬鈴薯麵疙瘩 | 20個(250g) |
| 沙拉油 | 2大匙 |
| 維也納香腸(1根切成6等分) | 4根 |
| 起司粉 | 2大匙 |
| 黑胡椒 | 1/3小匙 |
| 鹽 | 1小撮 |

**美味的祕密！**

真空包裝的義大利馬鈴薯麵疙瘩可以直接下鍋煎炸，不用先煮過！可以盡情享受外脆內Q的口感。

## 作法

### 1 煎炸

鍋中倒入沙拉油，開中火，油熱後加入義大利馬鈴薯麵疙瘩和維也納香腸，煎到金黃酥脆。

### 2 攪拌均勻

將1倒入調理盆，加入起司粉、黑胡椒、鹽攪拌均勻就完成了。

**小妙招**

做這道料理時只有維也納香腸需要切。若想免去清洗砧板的麻煩，可以墊一層料理紙再切。如果連菜刀也不想洗，就用剪刀剪吧。

中濃醬＋醬油的雙重奏

# 美味炒烏龍麵

**食材**（1人份）

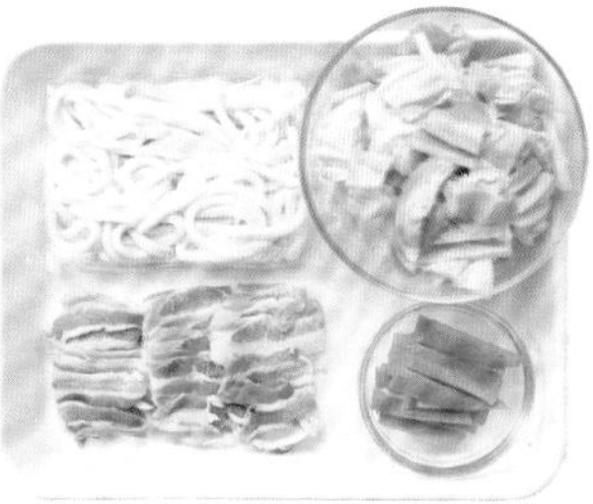

| | | |
|---|---|---|
| 烏龍麵 | | 1包 |
| 豬五花肉 | | 70～80g |
| 高麗菜（切成一口大小） | | $\frac{1}{8}$顆 |
| 胡蘿蔔（切成條狀） | | $\frac{1}{6}$根 |
| A | 麵味露（2倍濃縮） | 2大匙 |
| A | 醬油 | $\frac{1}{2}$大匙 |
| A | 中濃醬 | $\frac{1}{2}$小匙 |
| A | 和風高湯粉 | $\frac{1}{2}$小匙 |
| 沙拉油 | | 1小匙 |
| 柴魚片、天婦羅花（花枝風味） | | 適量 |

**美味的祕密！**

中濃醬和花枝風味天婦羅花可以提升料理的層次和深度。

**作法**

## 1 炒肉和蔬菜

將烏龍麵先微波1分鐘。鍋中倒入沙拉油，開中火，油熱後加入肉、高麗菜、胡蘿蔔拌炒。

## 2 加入烏龍麵

將1確實炒熟後，加入烏龍麵。

## 3 調味

在調理盆內將**A**調合好，以畫圈方式加入2，稍微攪拌一下就完成了。最後撒上柴魚片和天婦羅花享用。

用牛蒡熬出來的高湯美味無比！

# 回味無窮豬肉烏龍麵

**食材**（1人份）

| | | |
|---|---|---|
| 烏龍麵 | | 1包 |
| 蔥（斜切） | | ½根 |
| 牛蒡（切片） | | ⅛根 |
| 豬五花（切成一口大小） | | 80g |
| 薑泥 | | ½小匙 |
| A | 醬油 | 2小匙 |
| | 和風高湯粉 | 1小匙 |
| | 昆布高湯粉 | 1小匙 |
| | 水 | 250mℓ |

**美味的祕密！**

加入薑泥能讓味道變得更清爽，也很適合感冒時候吃！

**作法**

## 1 煎炒

切片的牛蒡先泡水3分鐘。鍋中放入蔥、牛蒡、豬肉，以中火煎炒至微焦金黃色。

## 2 加入烏龍麵和湯汁

將微波加熱1分鐘的烏龍麵和**A**加入1，煮至沸騰就完成了。

牛蒡的切法可以參考P9，試試看吧！

三兩下就做出專賣店的味道！

# 濃郁日式炒麵

**食材**（1人份）

| | | |
|---|---|---|
| 中華麵(油麵) | | 1包(150g) |
| 豬五花肉 | | 70～80g |
| 高麗菜 | | ⅛顆 |
| 沙拉油 | | 1小匙 |
| A | 大阪燒醬 | 4大匙 |
| | 蠔油 | 1小匙 |
| | 番茄醬 | ½大匙 |
| | 蒜泥 | ¼小匙 |

**美味的祕密！**

不是用中濃醬，而是使用大阪燒醬製作！

**作法**

### 1 拌炒肉和蔬菜

鍋中倒入沙拉油，開中火，油熱後放入切成容易入口大小的高麗菜以及豬肉拌炒。

### 2 放入麵條

麵不用拿出包裝袋，直接微波2分鐘，然後加入1。

### 3 調味

待麵稍微散開後，加入事先調合好的A，將整體攪拌均勻就完成了。

意外地很受女性歡迎

# 泡麵版乾拌麵

**食材**（1人份）

| | | |
|---|---|---|
| 泡麵（醬油湯底） | | 1包 |
| A | 附屬調味粉包 | ⅓包 |
| A | 麻油 | 1小匙 |
| A | 蒜泥 | ¼小匙 |
| A | 砂糖 | 1小撮 |
| A | 煮麵水 | 3大匙 |
| 蛋黃 | | 1顆 |
| 蔥花青蔥 | | 依喜好 |
| 柴魚片 | | 依喜好 |
| 海苔絲 | | 依喜好 |

**美味的祕密！**

湯汁太早準備好的話會涼掉，訣竅是在麵快要煮好的時候製作！

**作法**

### 1 製作湯汁

將A放入碗公攪拌均勻。

### 2 放入麵條

將煮好的麵放入1裹上湯汁。接著擺上蛋黃、蔥花、柴魚片、海苔絲就完成了。

**小妙招**

可以買中華麵（油麵）回來，用同樣的方法製作，把剩下的調味粉用完。

# PART5

只要多一道工序，就能做出穩定的美味！

# 吃完還想再吃的米飯&麵包食譜

這裡收錄了大家最愛的主食——米飯和麵包的食譜。

例如以Part1粒粒分明炒飯的技巧來變化應用的**3種炒飯**。

麵包也不是只有吐司、抹醬、夾料這幾種基本變化，

只要利用一點小技巧，就可以讓早餐變得更加豐盛。

不管用什麼米都能煮出好吃的白飯！

# 煮出好吃白飯的方法

**作法**

## 1 在盆子裡裝水

將要煮的米放入篩網中。調理盆裡裝滿水。

## 2 篩網放入調理盆

不要關水，把裝了米的篩網放入調理盆。

## 3 馬上倒掉水

篩網放入調理盆後馬上（1～2秒）取出，把盆內的水倒掉。重複此循環5次。

## 4 洗米

待水變得較為清澈，用指尖輕輕掏洗白米，盡量不要讓米彼此摩擦。

## 5 放入冰塊開始煮飯

將米放入電鍋，並加入冰塊，接著將水加到對應的刻度，按下煮飯按鍵。

## 6 立刻撥鬆

飯煮好後立刻用飯匙撥鬆，讓多餘的水分蒸散。

---

學到賺到！

### 冷凍白飯的包膜方法

要將白飯冷凍的時候，先在中間開個洞，並盡量鋪成薄薄一片，這麼做能加快解凍的速度。煮好的飯100g約等於160mℓ（⅘杯），沒有料理秤的人可以參考這個比例。

若是吸收了一開始的洗米水，米飯會產生臭味，所以進行步驟2和3的5次循環時手腳要盡可能地快！接著用指尖輕柔地淘洗白米，動作不要太粗暴！

搭配饢餅或米飯都非常適合！

# 奶油咖哩雞

**美味的祕密！**

磨成泥的蔬菜，鮮甜味完全融進湯汁。連印度朋友也讚不絕口的自信之作！

**食材**（3～4人份）

| | |
|---|---|
| 雞腿肉（切成2cm大小） | 100g |
| 沙拉油 | 1小匙 |

| | | |
|---|---|---|
| A | 奶油 | 3大匙 |
| | 胡蘿蔔（磨泥） | $\frac{1}{2}$根 |
| | 洋蔥（磨泥） | $\frac{1}{4}$顆 |
| | 薑泥 | 2大匙 |
| | 鹽 | $\frac{1}{2}$小匙 |
| | 番茄罐頭 | $\frac{1}{2}$罐（200g） |
| B | 咖哩粉 | 2小匙 |
| | 番茄醬 | 2小匙 |
| | 砂糖 | 2小匙 |
| | 水 | 150mℓ |

**讓料理更美味的祕訣**

將番茄罐頭以濾網過濾加入鍋中，能讓口感更滑順，還能減少酸味，引出更有深度的味道。

**作法**

## 1 煎雞肉

鍋中倒入沙拉油，油熱後，以中火將雞肉煎至微焦金黃色。

## 2 加入蔬菜

將A加入①，仔細拌炒到沸騰為止。番茄罐頭要用濾網和橡膠刮刀過濾再加入鍋中。

## 3 調味

將②確實拌炒後加入B，持續攪拌至沸騰為止。

## 4 燉煮

③沸騰後轉文火，不蓋鍋蓋燉煮20分鐘就完成了。

爽脆的口感令人欲罷不能！

# 萵苣炒飯

**食材**（1人份）

| | | |
|---|---|---|
| 蔥（斜切） | | ½根 |
| 沙拉油 | | 2小匙 |
| 雞蛋 | | 1顆 |
| 炒飯用的飯<br>白飯200g的量→作法請參考P19 | | |
| A | 甜麵醬 | 1小匙 |
| | 醬油 | 2小匙 |
| | 中華高湯粉 | 1小匙 |
| | 蒜泥 | 2小匙 |
| | 黑胡椒 | ¼小匙 |
| 蟹肉棒（1根切成5等分） | | 3根 |
| 萵苣 | | 3片 |

**美味的祕密！**

先把炒飯炒到開始變得粒粒分明，再加入調味料就不會失敗！

**作法**

### 1 翻炒

沙拉油倒入鍋中，以中火熱油。蔥段下鍋炒至呈現微焦金黃色後，再加入蛋液和已用打蛋器充分拌勻的炒飯用飯翻炒。

### 2 調味

當1的飯粒開始變得粒粒分明時，加入調合好的**A**，並將味道拌均勻。

### 3 完成

在2裡加入蟹味棒和撕成一口大小的萵苣，稍微翻炒一下就完成了。

絞肉和泡菜是最佳拍檔！

# 泡菜炒飯

**食材**（1人份）

| | | |
|---|---|---|
| 牛豬混和絞肉 | | 50g |
| 雞蛋 | | 1顆 |
| 炒飯用的飯<br>白飯200g的量→作法請參考P19 | | |
| A | 豆瓣醬 | 1小匙 |
| | 韓式辣椒醬 | 1小匙 |
| | 蒜泥 | 1大匙 |
| | 醬油 | 1小匙 |
| 泡菜 | | 50g |
| 麻油 | | 1小匙 |
| 泡菜（裝飾用） | | 依喜好 |

**美味的祕密！**

泡菜最後再加入，就能保留口感，非常美味！

**作法**

### 1 炒絞肉

開中火，翻炒絞肉。

### 2 加入飯並調味

在1裡加入蛋液和炒飯用飯翻炒。當飯粒開始變得粒粒分明時，加入A拌勻。

### 3 完成

將泡菜加入2，最後以畫圈方式加入麻油，稍微拌勻。裝盤後，放上裝飾用的泡菜就完成了。

份量實在，超滿足！

# 黑胡椒牛肉炒飯

**食材**（1人份）

| | | |
|---|---|---|
| 牛肉火鍋片 | | 100g |
| 奶油 | | 2小匙 |
| A | 白飯 | 200g |
| | 玉米(罐頭) | 2大匙 |
| | 黑胡椒 | ½小匙 |
| | 蒜泥 | 1小匙 |
| 醬油 | | 2小匙 |

**美味的祕密！**

調味很單純，只用奶油和醬油。肉的「焦香味」是增加風味的關鍵！

**作法**

### 1 炒牛肉

熱鍋後放入奶油，肉片下鍋炒到呈微焦金黃色。

### 2 加入飯

在1裡加入A，把飯炒到沒有結塊。

### 3 調味

以畫圈方式將醬油加入2，稍微翻炒一下就完成了。

每一口都好吃！

# 調味烤飯糰

**食材**（2個份）

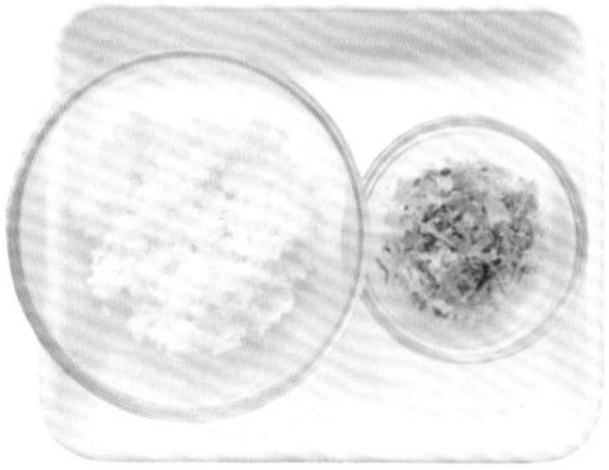

| | | |
|---|---|---|
| 白飯 | | 150g |
| A | 麵味露 | 2小匙 |
| | 醬油 | 2小匙 |
| | 砂糖 | ½小匙 |
| | 奶油 | 1小匙 |
| | 柴魚片 | 3大匙 |

**美味的祕密！**

奶油的油分會讓飯糰容易散掉，要用力壓緊成形！

**作法**

### 1 調味

白飯和A放入調理盆，用飯匙攪拌均勻。

### 2 成形

將1分成2等份，各自放在保鮮膜上，連同保鮮膜一起壓成三角形。

### 3 煎烤

平底鍋內不放油，開大火熱鍋，把2的保鮮膜拆掉後下鍋煎至兩面金黃就完成了。

作法超簡單的蓋飯！

# 烤雞罐頭親子丼

美味的祕密！
最後加入的蛋液不要攪拌得太均勻，利用關火後的餘熱加熱到半熟是美味的祕訣！

## 食材（1人份）

| | |
|---|---|
| 烤雞罐頭 | 1罐 |
| 洋蔥（切絲） | ½顆 |
| 沙拉油 | 1小匙 |
| 麵味露 | 2大匙 |
| 水 | 2大匙 |
| 蛋液 | 1顆份 |
| 白飯 | 依喜好 |

## 作法

中火

### 1 炒洋蔥

在小一點的平底鍋裡倒入沙拉油，開中火，將洋蔥炒到如照片般有點透明的樣子。

中火

### 2 燉煮

將烤雞罐頭、麵味露、水加入1，煮至沸騰。

關火

### 3 加入蛋液

沸騰後將蛋液以畫圈方式加入2中，蓋上鍋蓋並關火放置2～3分鐘就完成了。

大概是全日本最好吃生魚飯

# 夏威夷風生鮪魚飯

## 食材 （1～2人份）

| | | |
|---|---|---|
| 鮪魚（切成骰子狀） | | 80～100g |
| 酪梨（切成骰子狀） | | ½顆 |
| A | 麻油 | 2小匙 |
| | 醬油 | 1大匙 |
| | 檸檬汁 | ½小匙 |
| | 昆布高湯粉 | ½小匙 |
| | 芥末（管狀） | 依喜好 |
| 白芝麻 | | ½小匙 |
| 紫蘇葉（用剪刀剪碎） | | 2片 |
| 白飯 | | 依喜好 |

**美味的祕密！**

把料換成鮭魚或炙燒干貝也很好吃。這裡的醬料也可以用來淋沙拉，多做一點放著用也很不錯！

## 作法

### 1 調合調味料

將**A**放入調理盆，用湯匙等工具攪拌均勻。

### 2 攪拌食材

將切成骰子狀的鮪魚和酪梨放入1，稍微攪拌一下。接著鋪在白飯上，並撒上白芝麻和紫蘇葉。

**如何挑選好吃的酪梨**

①表皮呈黑色。

②有光澤。

③觸感不會過軟且有彈性。

也還有其他篩選方法，不過我都是依照以上幾個重點來挑選的。

放上蛋黃大快朵頤！

# 日式肉燥飯

**美味的祕密！**

做出鬆散軟嫩肉燥的祕訣是，在開火之前先將絞肉和調味料下鍋，接著用小火持續加熱！

## 食材 （1～2人份）

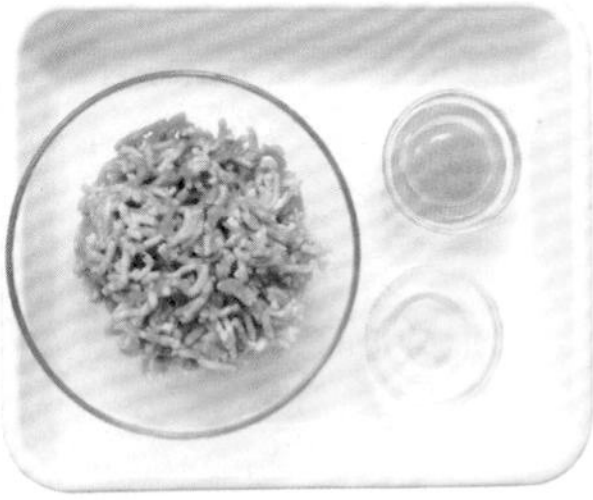

| | | |
|---|---|---|
| 雞腿絞肉 | | 150g |
| A | 醬油 | 1小匙 |
| A | 味醂 | 1大匙 |
| A | 砂糖 | 1小匙 |
| A | 和風高湯粉 | ⅓小匙 |
| A | 薑泥 | ⅓小匙 |
| A | 水 | 5大匙 |
| 蛋黃 | | 1顆 |
| 白芝麻 | | 依喜好 |
| 白飯 | | 依喜好 |

## 作法

### 1 下鍋

在冷鍋裡放入雞肉和A。

### 2 以小火加熱

開小火，加熱的同時用打蛋器以打蛋般的手法攪拌肉燥。

### 3 確實拌勻

持續用打蛋器攪拌，直到肉燥熟透並變得鬆散。將白飯裝到碗裡，並放上肉燥、蛋黃、白芝麻、蔥末（額外份量）享用。

辣得令人上癮

# 美式什錦飯

**食材**（1人份）

| | | |
|---|---|---|
| 維也納香腸（1根切成8等分） | | 3根 |
| 沙拉油 | | 1小匙 |
| A | 番茄醬 | 3大匙 |
| | 咖哩粉 | 1/4小匙 |
| | 奧勒岡葉 | 1/2小匙 |
| | 鹽 | 1/6小匙 |
| | 蒜泥 | 1/2小匙 |
| | 黑胡椒 | 1/4小匙 |
| 白飯 | | 200g |
| 青椒（切絲） | | 2顆 |
| 小番茄（切成8等份） | | 5顆 |

**美味的祕密！**

番茄飯中散發出咖哩粉的香氣。小番茄最後再加入，才能保持形狀完整。

**作法**

### 1 為香腸調味

倒入沙拉油，開中火熱油，將維也納香腸煎至金黃後加入A拌勻。

### 2 加入白飯

維也納香腸調好味後，加入白飯和青椒拌炒均勻。

### 3 加入小番茄

將2的白飯炒到色澤均勻後，加入小番茄再稍微拌炒一下就完成了。

在家重現高級飯店的口味

# 飯店級日式歐風咖哩

## 食材（5～6人份）

| | | |
|---|---|---|
| 牛肉 | | 300g |
| 沙拉油 | | 3大匙 |
| A | 洋蔥（切扇狀） | 2顆 |
| | 蒜泥 | 3大匙 |
| | 薑泥 | 1大匙 |
| | 紅酒 | 300mℓ |
| B | 中濃醬 | 1大匙 |
| | 咖哩粉 | 2大匙 |
| | 番茄醬 | 2大匙 |
| | 砂糖 | 1小匙 |
| | 奶油 | 1大匙 |
| | 咖哩塊（甜味） | 115g |
| 胡蘿蔔（切成一口大小） | | 1根 |
| 水 | | 600mℓ |

**美味的祕密！**

用紅酒燉煮牛肉和洋蔥，就能讓市售的咖哩塊改頭換面！

## 作法

### 1 炒肉並燉煮

鍋中倒入沙拉油，以大火將牛肉炒至微焦金黃色。加入**A**後轉中火，燉煮至水分剩下一半。

### 2 燉煮10分鐘

在1中加入**B**與胡蘿蔔（事先沾水並微波6分鐘）並加入水，用鍋鏟攪拌直到沸騰。沸騰後蓋上鍋蓋，轉文火繼續燉煮10分鐘。

只要把料全部丟進去就好！

# 蒲燒炊飯

**食材**（2～3人份）

| | | |
|---|---|---|
| 蒲燒秋刀魚罐頭 | | 1罐 |
| 胡蘿蔔（切扇形） | | ¼根 |
| 牛蒡（切薄片） | | ¼根 |
| A | 麵味露 | 3大匙 |
| | 醬油 | 2小匙 |
| | 砂糖 | ½小匙 |
| | 薑泥 | 2小匙 |
| 白米 | | 2杯 |

**美味的祕密！**

以蒲燒罐頭的味道為基底，再加上襯托出薑味的調味料，就能帶出更有深度的風味。

**作法**

## 1 將食材放入電子鍋

將洗淨的胡蘿蔔和牛蒡帶皮切成需要的形狀。米洗好後放入鍋中並加入對應份量的水。加入胡蘿蔔、牛蒡和蒲燒罐頭（連同醬汁）。

## 2 調味

調合好A，以畫圈方式加入1，開始煮飯。

## 3 完成

飯煮好後打開鍋蓋，用飯匙把飯上下翻攪均勻就完成了。

在家也能享受野餐氛圍！

# 英式馬芬堡

**食材**（1人份）

| | | |
|---|---|---|
| 英式馬芬麵包 | | 1個 |
| 奶油 | | 1大匙 |
| A | 美乃滋 | ½小匙 |
| | 番茄醬 | 2大匙 |
| 培根 | | 1～2片 |
| 荷包蛋※ | | 1個 |
| 番茄（切薄片） | | 1片 |
| 萵苣（綠葉部分） | | ½片 |

※荷包蛋的作法請參考P31。

**美味的祕密！**

麵包用平底鍋煎過後口感會變得酥脆，也不會太乾！

**作法**

### 1 煎烤馬芬麵包

鍋中放入奶油，奶油融化後，煎烤切成兩半的馬芬麵包的其中一面。

### 2 抹醬

在2片馬芬麵包上塗抹A醬料，份量依個人喜好。

### 3 組合好後用牙籤固定

將煎培根、荷包蛋、番茄、萵苣依序疊好後放上馬芬麵包，再插入牙籤固定就完成了。

適合當作假日的早餐！

# 瑪格麗特披薩吐司

**食材**（1人份）

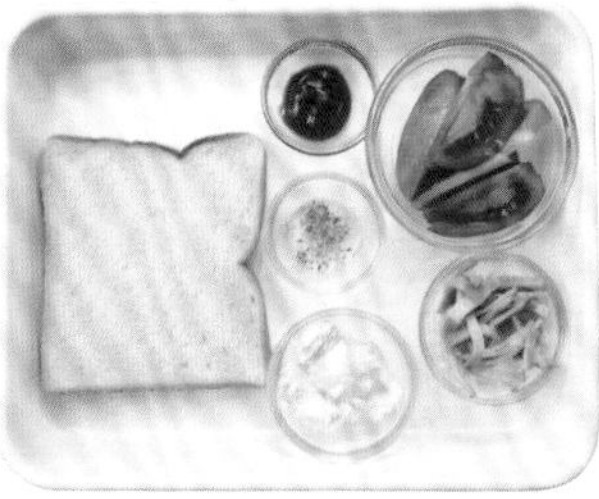

| | | |
|---|---|---|
| 培根（切成細條） | | 10～20g |
| A | 番茄（切成8等分） | ½顆 |
| A | 番茄醬 | 1小匙 |
| A | 奧勒岡葉 | ¼小匙 |
| 莫札瑞拉起司 | | 10～20g |
| 巴西里 | | 2片 |
| 吐司（厚片） | | 1片 |

不只能搭配吐司，
也可以當作漢堡或
義大利麵的醬料！

**美味的祕密！**

在步驟2也可以不去動番茄並減少加熱時間，保持新鮮番茄的口感。

**作法**

### 1 煎培根和番茄

開中火熱鍋，將培根煎至金黃後加入A。

### 2 披薩醬完成

將番茄煮到軟化成泥狀，途中要隨時留意火候。

### 3 放上起司和巴西里

將2塗在吐司上，再將起司和巴西里用手撕碎放在上面，最後用烤箱將吐司烤至金黃色就完成了。

適合懶人的早餐或宵夜！

# 起司奧勒岡葉馬芬麵包

**食材**（1人份）

| | |
|---|---|
| 英式馬芬麵包 | ½個 |
| 奶油 | 1小匙 |
| 鹽 | 1小撮 |
| 起司片 | 1片 |
| 奧勒岡葉 | 2小撮 |

**美味的祕密！**

起司和奧勒岡葉是絕配！這道食譜的靈魂就是奧勒岡葉！起司選用自己喜歡的類型就可以。

**作法**

### 1 加熱馬芬麵包

用烤箱稍微加熱一下馬芬麵包。

### 2 塗上奶油

趁馬芬麵包還溫熱的時候塗上奶油，並灑鹽。

### 3 擺上食材

把起司、奧勒岡葉放在2上，用烤箱烤至金黃就完成了。

鳳梨和起司超級對味！

# 鳳梨吐司

**食材**（1人份）

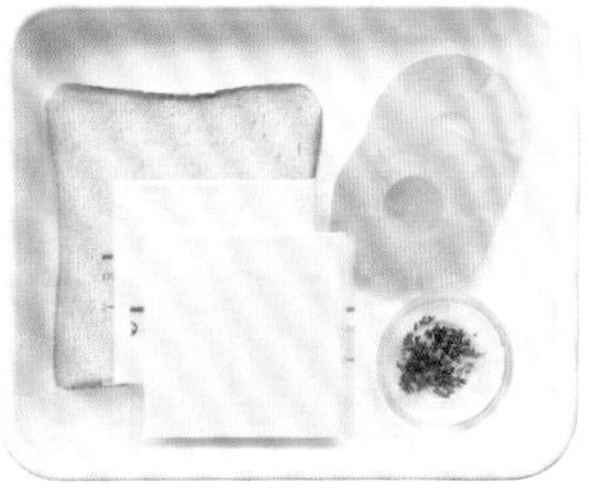

| | |
|---|---|
| 鳳梨(罐頭) | 2片 |
| 起司片 | 2片 |
| 吐司(厚片) | 1片 |
| 沙拉油 | 1小匙 |
| 巴西里(碎末) | 依喜好 |

**美味的祕密！**

鳳梨和起司搭起來其實超好吃！即使不愛吃糖醋排骨裡面的鳳梨，也一定會愛上這道料理。

**作法**

### 1 放上起司

吐司上放2片起司，烤到到起司融化。

### 2 煎鳳梨

烤1的同時，在平底鍋裡倒入沙拉油，將鳳梨煎至兩面呈微焦色澤。

### 3 完成

將煎好的2放上1，最後依喜好灑上巴西里就完成了。

不使用奶油，健康加分！

# 超簡單蒜香麵包

**食材**（1人份）

| | |
|---|---|
| 法國麵包 | ⅓根 |
| 蒜頭 | 1片 |
| 奧勒岡葉 | 2小撮 |
| 鹽 | 2小撮 |
| 巴西里（碎末） | 依喜好 |

**美味的祕密！**

基本上麵包怎麼切都行，不過還是建議縱向對半切，這樣更方便磨蒜頭。

**作法**

## 1　磨蒜頭

將法國麵包縱向對半切。蒜頭切對半，利用麵包的斷面磨碎。

## 2　調味

在1灑上奧勒岡葉和鹽，用烤箱烤至金黃後再灑上巴西里就完成了。

**小妙招**

不用法國麵包的話，也可以換成吐司。灑上黑胡椒、辣椒粉、起司粉也很不錯。不在乎健不健康的人，也可以在磨完蒜頭後塗上奶油！

# PART6

作法簡單，美味非凡！

# 免烤箱！甜點食譜

大多數人都覺得做甜點是一件很困難的事，

然而這裡彙整的全都是超簡單的食譜，

而且**不需要使用烤箱就能輕鬆做出來**。

平常沒辦法做甜點的人，

若是受到本書的啟發而開始想嘗試製作，我會感到非常開心！

由於大多都是用家裡現有的東西就能馬上做出來的甜點，也很適合獨居的人！

口感滑順～

# 正統生巧克力

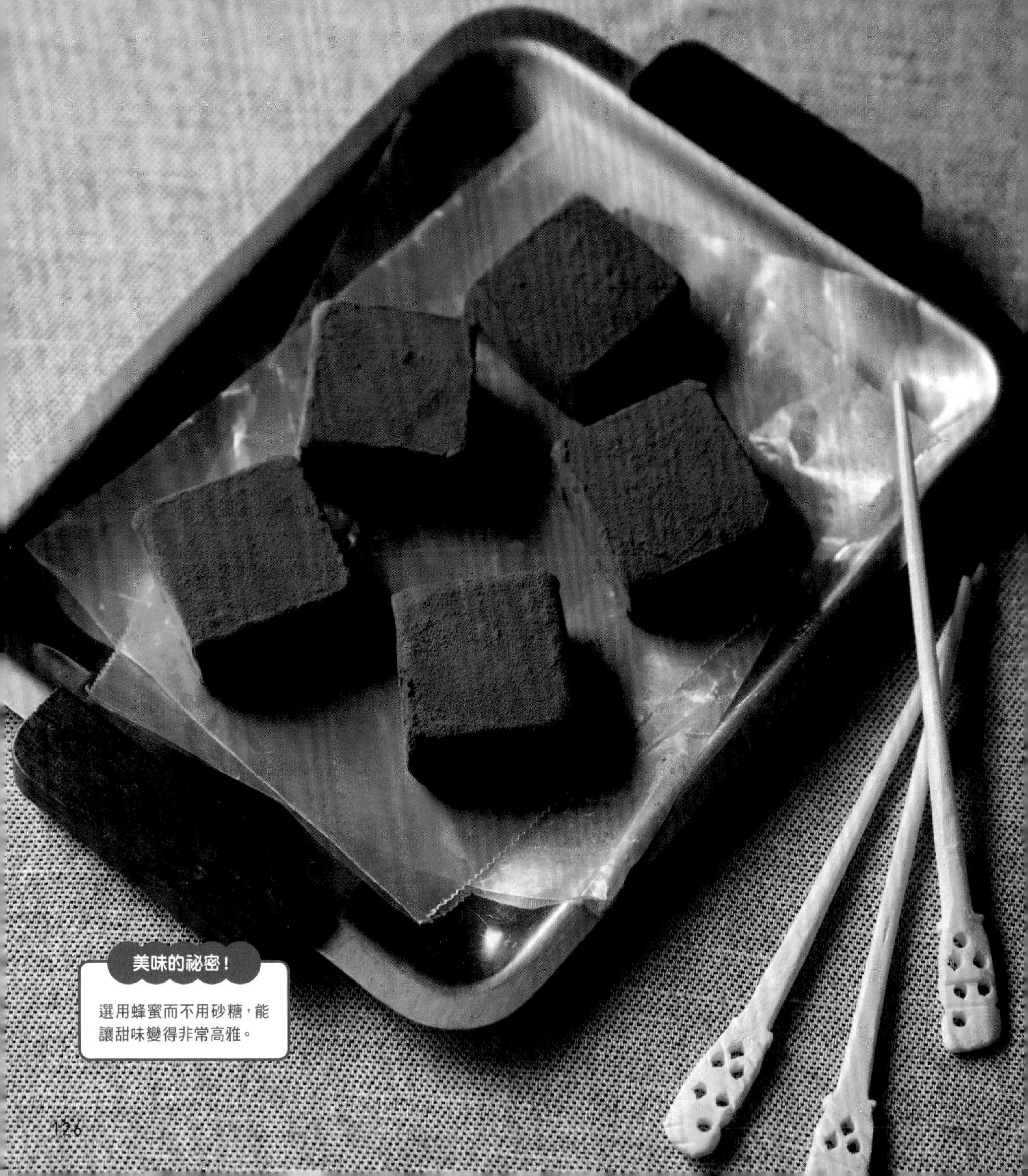

**美味的祕密！**

選用蜂蜜而不用砂糖，能讓甜味變得非常高雅。

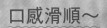

**食材** （2～3人份）

| | | |
|---|---|---|
| 板狀巧克力 | | 100g |
| A | 鮮奶油 | 3大匙 |
| A | 奶油（無鹽） | 1大匙 |
| A | 蜂蜜 | 1小匙 |
| 可可粉 | | 適量 |

如果想讓巧克力的
厚度更厚，建議使用
小一點的備料盤
（10×15㎝以下）！

**作法**

## 1 切碎巧克力

使用菜刀的整個刀身，將板狀巧克力切碎。

## 2 融化巧克力

文火

小湯鍋中放入**A**，用文火煮到快要沸騰時關火。加入1，用橡膠刮刀攪拌至均勻。

## 3 倒入備料盤

在備料盤鋪上料理紙，倒入2，將表面整至平滑後，放入冷凍庫冷凍1小時。

## 4 完成

將巧克力用刀切塊後，放入裝有可可粉的備料盤，再從上方撒上可可粉就完成了。

只需要攪拌和微波！

# 微波爐可可布丁

**食材**（1人份）

| | |
|---|---|
| 雞蛋 | 1顆 |
| 砂糖 | 1大匙 |
| 牛奶 | 100mℓ |
| 可可粉 | 2大匙 |

**美味的祕密！**

比外面買要便宜許多，而且還可依照自己的喜好，變化出奶茶、抹茶、焙茶口味！

**作法**

### 1 攪拌麵糊

調理盆內放入雞蛋、砂糖、牛奶和可可粉，用打蛋器攪拌到均勻沒有結塊。

### 2 過篩

以茶篩過濾1，並注入耐熱馬克杯中，裝到約7分滿。

### 3 微波

微波加熱2分鐘，放涼後，再放進冰箱冰2小時就完成了。

喝一口，彷彿草莓蛋糕在口中組合起來！

# 草莓蛋糕飲

**食材**（1杯份）

| | |
|---|---|
| 年輪蛋糕 | 1塊（5～6㎝寬） |
| 冷凍草莓 | 3大匙（60g） |
| 牛奶 | 200㎖ |
| 煉乳 | 2大匙～依喜好 |

**美味的祕密！**

以長柄湯匙或粗吸管享用！如果正值草莓季，就改用大量新鮮草莓來製作吧！

**作法**

### 1 捏碎草莓

將草莓裝入密封袋中，用兩手仔細捏碎草莓。

### 2 撕碎年輪蛋糕

將年輪蛋糕也裝進密封袋捏碎，或戴手套撕碎。

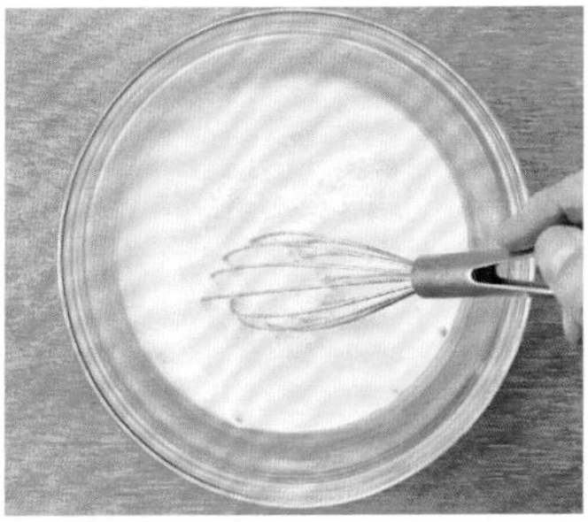

### 3 攪拌並裝杯

以打蛋器將牛奶和煉乳拌勻。照順序將草莓→年輪蛋糕→③裝進玻璃杯就完成了。

好吃驚！用電子鍋就能做！

# 大受好評！入口即化起司蛋糕

**美味的祕密！**

切塊之後，不蓋保鮮膜微波加熱20～30秒，質地會變得更黏稠。

**食材**（6人份）

| | | |
|---|---|---|
| A | 馬斯卡彭起司 | 250g |
| A | 鮮奶油 | 200mℓ |
| A | 檸檬汁 | ½小匙 |
| B | 低筋麵粉 | 2小匙 |
| B | 蛋白 | 1顆份 |
| B | 蛋黃 | 2顆份 |
| B | 砂糖 | 5大匙 |
| 奶油（無鹽、塗抹用） | | 適量 |

**讓料理更美味的祕訣**

塗在鍋子內側的奶油若是冷卻硬化，可能會讓蛋糕很難脫膜。這時只要將平底鍋隔水加熱，使奶油融化就可以輕易地分離了。

**作法**

## 1 製作麵糊

將**A**和**B**分別放入不同的調理盆中拌勻。**B**要攪拌到蛋液和麵粉都沒有結塊。

## 2 混合麵糊

將**B**倒入**A**的調理盆中攪拌均勻。

## 3 在鍋內塗抹奶油

在內鍋內側薄薄塗上一層奶油。倒入②，按下煮飯按鍵。

## 4 脫膜

煮飯時間結束後，將內鍋取出，放進冰箱冷卻2小時。冷卻完成後，將蛋糕脫膜，倒在烘焙紙上（如果無法順利脫膜，請參照上述的小訣竅）。

微奢華甜點麵包！

# 棉花糖餅乾吐司

美味的祕密！

有軟有硬，各種口感在口中交織成絕妙滋味！

## 食材 （1人份）

| | |
|---|---|
| 奶油夾心餅乾 | 2塊 |
| 棉花糖 | 3個 |
| 板狀巧克力 | 依喜好 |
| 吐司(厚片) | 1片 |

## 作法

### 1 鋪上捏碎的餅乾

將餅乾用手捏碎到適當的程度，鋪在吐司上。

### 2 放上食材後進烤箱

將撕碎的棉花糖→捏碎的巧克力依序放在1上面，用烤箱烤到棉花糖帶有微焦的色澤就完成了。

入口即化……

# 滑嫩牛奶布丁

**食材**（2～3人份）

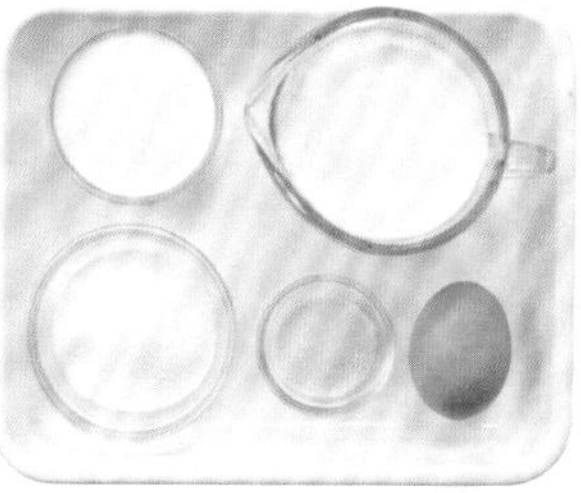

| | |
|---|---|
| 牛奶 | 250mℓ |
| 吉利丁 | (粉狀)1小匙/(片狀)3g |
| 雞蛋 | 1顆 |
| 砂糖 | 50g |
| 鮮奶油 | 50mℓ |

**美味的祕密！**

享受幾乎快要化掉的軟嫩度以及滑順的口感！

**作法**

### 1 攪拌蛋液

盆內放入雞蛋、砂糖、鮮奶油，用打蛋器攪拌到均勻沒有結塊。

### 2 混合液體

將用牛奶和水軟化過的吉利丁放入鍋中加熱，過程中要用刮刀持續攪拌，避免底部燒焦。快沸騰時關火，倒入1，用打蛋器快速拌勻。

### 3 注入容器

將2用茶篩過濾，注入容器。放進冰箱冷藏2小時，待其凝固就完成了。

跟外表完全相反的超簡單甜點

# 極品！栗子蒙布朗

**美味的祕密！**

栗子泥的細緻度左右了整體的口感。很推薦裝進玻璃杯，擺成聖代的樣子！

**食材**　（餅乾13片份）

| | | |
|---|---|---|
| 甜栗仁 | | 100g |
| A | 牛奶 | 60mℓ |
| | 砂糖 | 2小匙 |
| | 蜂蜜 | 1小匙 |
| 餅乾 | | 13片 |
| 打發鮮奶油（市售） | | 適量 |
| 甜栗仁（裝飾用） | | 適量 |

※如果是用果汁機攪打栗子泥，牛奶的量要再多一點。

**讓料理更美味的祕訣**

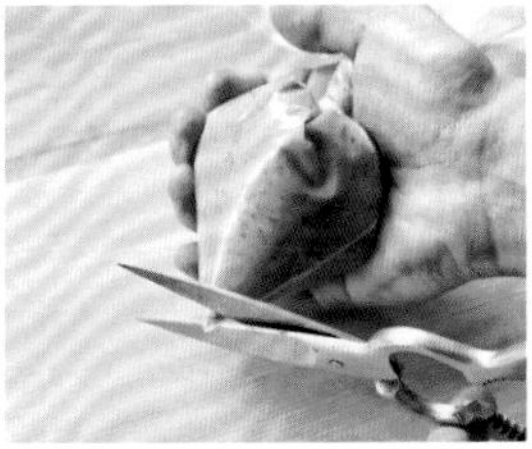

將保鮮袋中的栗子泥擠到前端，把後面捲起來，再於尖端剪出開口會比較好擠！如果有太大的栗子顆粒導致擠不出來，就用較細的濾網篩過一遍吧。

**作法**

## 1 將甜栗仁壓成末

將甜栗仁放入耐熱容器，並加點水，蓋上保鮮膜微波2分鐘。接著移到調理盆中，趁還熱的時候用手捏成細末狀。

## 2 栗子泥完成

在另一個碗中放入**A**，用打蛋器攪拌均勻後倒入1裡，攪拌到呈現滑順的泥狀。

## 3 進冰箱冷卻

將2放進保鮮袋。將栗子泥壓平並擠到袋子的角落。放進冰箱冷藏15分鐘。

## 4 擠上栗子泥

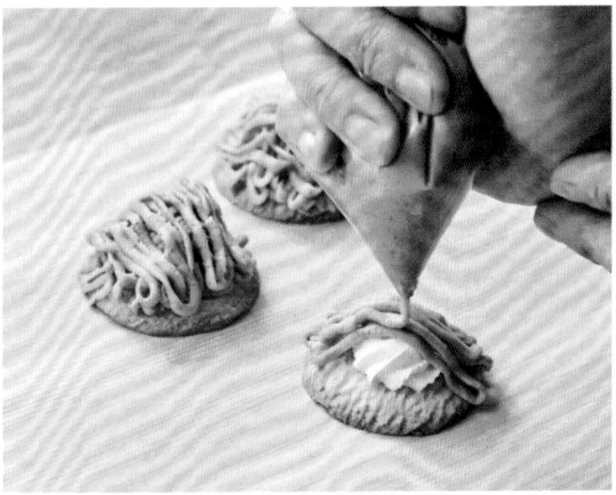

在餅乾上面先擠一點打發鮮奶油。在3的袋子角落用剪刀剪出一個小孔，將栗子泥擠在鮮奶油上面。最後再放上裝飾用的甜栗仁。

滿滿的新鮮感！

# 現磨蘋果果凍

**食材**（2人份）

| | |
|---|---|
| 蘋果（磨泥） | 1顆 |
| 蒟蒻果凍（蘋果口味） | 3個 |

**美味的祕密！**

以蒟蒻果凍取代吉利丁，讓口感更Q彈！想要消耗大量蘋果時很適合做這道甜點。

**作法**

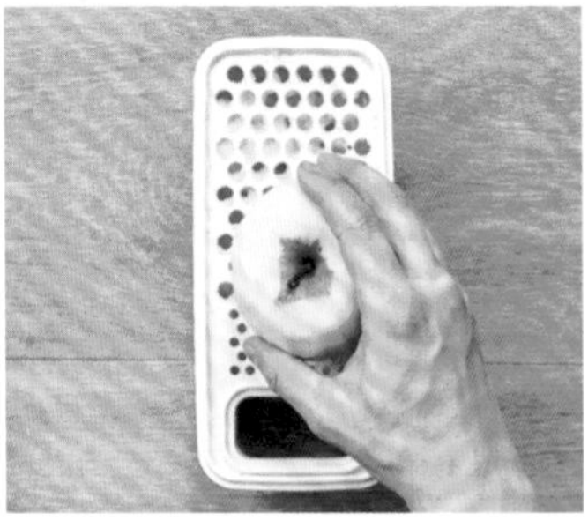

### 1 磨泥

去掉蘋果的皮和核之後，用磨泥器將蘋果磨成泥狀。

### 2 融化果凍

將磨好的1連同果汁倒入小湯鍋，再加入果凍，以文火煮至融化。

### 3 放入模具

果凍融化後，將2用湯匙挖到模具中。放進冰箱冷藏2小時就完成了。

美國的招牌甜點！

# 蘋果烤布樂

**食材** （2～3人份）

| | | |
|---|---|---|
| 蘋果（切成12等份） | | 1顆 |
| 奶油（無鹽） | | 1大匙 |
| A | 砂糖 | 1小匙 |
| A | 檸檬汁 | ½小匙 |
| 冰淇淋 | | 適量 |
| 餅乾 | | 適量 |

**美味的祕密！**

這道甜點最初就是做來讓人享用熱呼呼的蘋果，所以不進行冷卻，趁熱吃也非常美味！

**作法**

### 1 煎好蘋果後冷卻

平底鍋裡放入奶油，將蘋果煎到呈金黃色後，加入**A**並炒到水分蒸發。接著放進冰箱冷藏1小時。

### 2 放上餅乾

將5～6片蘋果放進如照片中的小型鑄鐵鍋或其他容器中，再放上壓碎的餅乾。

### 3 放上冰淇淋

用湯匙挖一球冰淇淋放在2上面就完成了。

酥脆口感讓人欲罷不能！

# 巧克力穀物棒

**食材**（3～4人份）

| | |
|---|---|
| 板狀巧克力（苦） | 50g |
| 奶油（無鹽） | 2大匙 |
| 棉花糖 | 8個（27g） |
| 早餐穀物（巧克力口味） | 300mℓ（60g） |

**美味的祕密！**

在步驟③的時候要用橡膠刮刀用力壓緊，把表面整平後再冷藏。若是內部有空隙，就會容易斷裂。

**作法**

## 1 事前準備

用菜刀把板狀巧克力切碎。在小湯鍋裡放入奶油和棉花糖，加熱到融化後關火，加入巧克力碎片。

## 2 加入早餐穀物

巧克力融化後，加入早餐穀物並稍微攪拌。

## 3 倒入備料盤

在備料盤上鋪好料理紙，用橡膠刮刀將②倒入。放入冰箱冷藏30分鐘後，切成喜歡的大小就完成了。

只要冷凍和削碎即可！

# 雪白牛奶雪酪

**食材**（2人份）

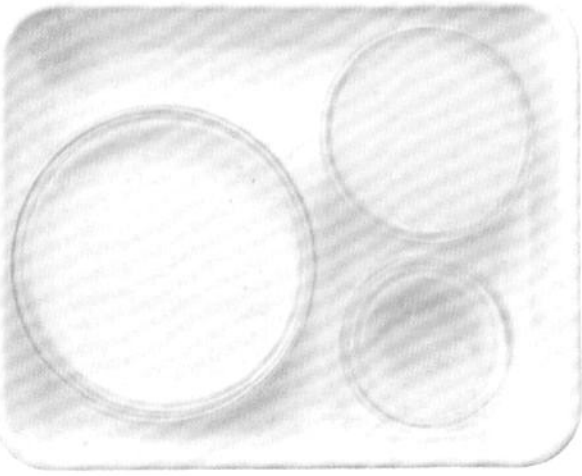

| | |
|---|---|
| 牛奶 | 100mℓ |
| 可爾必斯（稀釋用） | 50mℓ |
| 檸檬汁 | 2小匙 |

**美味的祕密！**

用叉子削冰能夠讓空氣進入，引出香氣，並讓口感變得更好！

**作法**

### 1 在調理盆內混合食材

將牛奶、可爾必思、檸檬汁放入調理盆內，用打蛋器攪拌均勻。

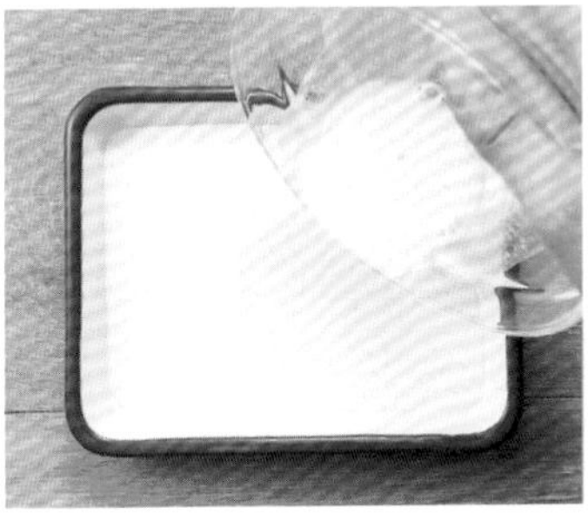

### 2 倒入備料盤

將1倒入備料盤，放進冷凍庫冷凍2小時。

### 3 用叉子削冰

利用叉子將冰削成雪酪狀。最後盛裝到容器中就完成了。

不用果汁機也能做出的簡單美味飲品！

# 餅乾香蕉牛奶

**美味的祕密！**

奶油夾心很容易殘留在口中，先用鍋子加熱到融化是很重要的步驟！

**食材** （1杯份）

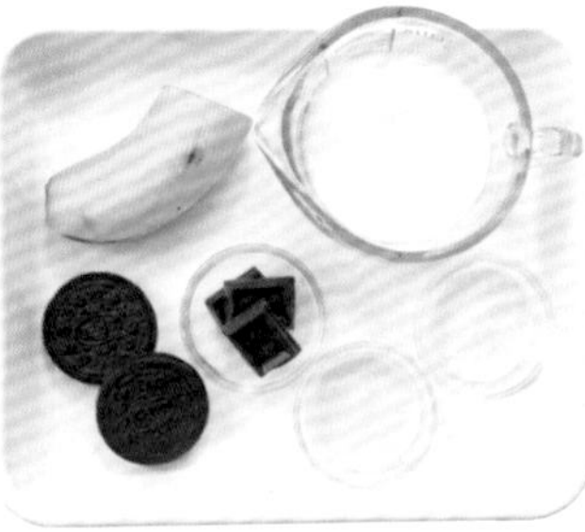

| | | |
|---|---|---|
| 香蕉 | | ¼根 |
| 牛奶 | | 150mℓ |
| A | 鮮奶油 | 150mℓ |
| | 板狀巧克力（牛奶） | 10g |
| | 砂糖 | 2小匙 |
| 奶油夾心餅乾 | | 2個 |

**作法**

## 1 壓碎香蕉

將香蕉放進調理盆，蓋上保鮮膜微波30秒，接著用叉子壓碎。

## 2 事前準備

小湯鍋內放入**A**，以文火加熱到融化，過程中要用橡膠刮刀攪拌。餅乾的夾心部分也要加入鍋中一起融化。

## 3 攪拌

在1的盆中加入牛奶，再加入2攪拌均勻。

## 4 加入餅乾

將去掉夾心的餅乾弄碎後加入3，用打蛋器攪拌均勻。確實冷卻後倒入玻璃杯就完成了。

冰冰涼涼，配咖哩的好夥伴

# 正統派拉西

**美味的祕密！**

直接喝就很好喝了，不過加入冷凍芒果或藍莓打勻也是絕妙美味！

**食材**（4～5杯份）

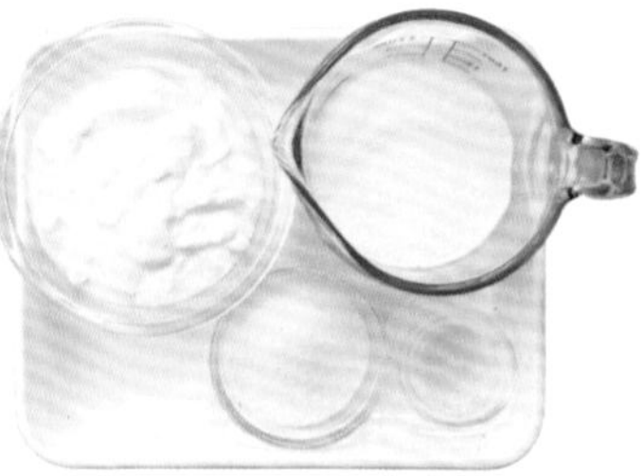

| | |
|---|---|
| 牛奶 | 300mℓ |
| 優格（無調味） | 400g |
| 砂糖 | 4大匙 |
| 檸檬汁 | 1小匙 |

**作法**

## 混合所有食材

在大一點的調理盆中放入優格、砂糖、檸檬汁、牛奶並用打蛋器攪拌均勻，冷卻後就完成了。

**讓料理更美味的祕訣**

牛奶放到最後加，並在攪拌的同時分多次加入，就可以輕鬆地攪拌至均勻滑順！

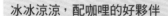

夏天冰鎮！冬天熱熱吃！

# 自製糖漬蜂蜜檸檬

**食材**（方便製作的份量）

| | |
|---|---|
| 薑(切片) | 1根(90g) |
| 檸檬(切片) | 1顆(135g) |
| 蜂蜜 | 160mℓ |
| 砂糖 | 150g |
| 檸檬汁 | 4大匙 |
| 迷迭香 | 1根 |

※如果在還溫熱的時候就蓋上蓋子，會使細菌繁殖導致腐壞，要多加注意！

**美味的祕密！**

迷迭香一定要用新鮮的，不能用乾燥的！兩者的美味度天差地別！

**作法**

### 1 加熱

將所有食材放入小湯鍋中以小火加熱。加熱過程中要將檸檬壓出汁，使砂糖溶解。

### 2 放入保存容器冷卻

砂糖溶解後，將1放入瓶子之類的保存容器。稍微放涼後就在不蓋蓋子的情況下放入冰箱冷藏一晚。

我個人最喜歡將2大匙糖漬檸檬調入100ml的熱水或氣泡水中飲用！

麦ライス

（料理家、主廚）
以介紹「美味家常菜食譜」及「實用料理技巧」，在Twitter上迅速爆紅的料理家。在東京都內某餐廳工作。不介紹艱深的專業技巧，而是開發了許多家庭料理食譜，即使是廚藝不精的人，也能輕鬆再現同樣的美味，因此大受好評。許多人留言表示做出了「自己史上最好吃的料理」。

Twitter：@HG7654321
Instagram：hg.7654321
Blog：https://mugirice.com/



# 誰都能學會的家常料理100道

出　　版／楓葉社文化事業有限公司
地　　址／新北市板橋區信義路163巷3號10樓
郵政劃撥／19907596　楓書坊文化出版社
網　　址／www.maplebook.com.tw
電　　話／02-2957-6096
傳　　真／02-2957-6435
作　　者／麦ライス
翻　　譯／王綺
港澳經銷／泛華發行代理有限公司
定　　價／350元
初版日期／2022年７月

國家圖書館出版品預行編目資料

誰都能學會的家常料理100道 / 麦ライス作；王綺翻譯. -- 初版. -- 新北市：楓葉社文化事業有限公司, 2022.07　面；　公分

ISBN 978-986-370-409-6（平裝）

1. 食譜

427.1　　111003246